STEAM 教育与 AI 丛书

给孩子的计算思维与编程书：

AI 核心素养教育实践指南

[美]　　简·克劳斯（Jane Krauss）　　　著
　　　　奇奇·普罗特斯曼（Kiki Prottsman）

王晓春　乔凤天　译

U0259594

机 械 工 业 出 版 社

赋能未来科技创新者。

青少年是对科学技术充满热情的使用者，他们更是未来的技术创新者。在未来由人工智能技术引领的变革时代中，以计算思维、编程为代表的计算科学将会是教育变革的重点。

本书是 K-12 教育工作者和青少年、家长的计算思维入门指南，将以通俗易懂的语言帮助你了解什么是计算思维，它为什么重要，以及如何使计算融入学习中。

本书讲解了计算思维的实用策略，帮助学生设计学习路径的具体指南，以及提供了将计算机科学基础知识整合到信息课程、跨学科和课外学习的入门步骤。

本书对青少年人工智能、编程课的课程体系设计具有指导和借鉴作用，对教师编程教学具有启示作用。

图书在版编目（CIP）数据

给孩子的计算思维与编程书：AI 核心素养教育实践指南 /（美）简·克劳斯等著；王晓春，乔凤天译 . — 北京：机械工业出版社，2020.1
（STEAM 教育与 AI 丛书）

书名原文：Computational Thinking and Coding for Every Student:The Teacher's Getting-Started Guide

ISBN 978-7-111-64483-5

Ⅰ . ①给…　Ⅱ . ①简…②王…③乔…　Ⅲ . ①程序设计 – 青少年读物
Ⅳ . ① TP311.1-49

中国版本图书馆 CIP 数据核字（2020）第 006016 号

机械工业出版社（北京市百万庄大街 22 号　邮政编码 100037）
策划编辑：林　桢　责任编辑：林　桢　王　芳
责任校对：聂美琴　封面设计：鞠　杨
责任印制：孙　炜
保定市中画美凯印刷有限公司印刷
2020 年 4 月第 1 版第 1 次印刷
184mm×240mm · 11.25 印张 · 203 千字
标准书号：ISBN 978-7-111-64483-5
定价：59.00 元

电话服务　　　　　　　　网络服务
客服电话：010-88361066　机 工 官 网：www.cmpbook.com
　　　　　010-88379833　机 工 官 博：weibo.com/cmp1952
　　　　　010-68326294　金 书 网：www.golden-book.com
封底无防伪标均为盗版　机工教育服务网：www.cmpedu.com

谨以此书纪念计算教育先驱西蒙·派珀特（Seymour Papert，1928—2016）。正如他所说的那样，我们可以将学计算机视为玩"泥巴"（mud pie）。

目前，中小学校正处于教育的大变革中，以计算思维、编程为代表的计算机科学将是变革的重点。这本书将以通俗易懂的语言带领教师、家长和学生走进计算思维和编程的世界。

——尼尔·麦克尼尔（Neil MacNeill） 教育博士

本书将帮助教师们迈出为学生提供高质量编程体验的第一步。同时，为教师开展研究和教学实践提供明确的范例和策略。

——西尔维亚·马丁内斯（Sylvia Martinez），

Invent To Learn:Making, Tinkering, and Engineering in the Classroom 的合著者，

www.inventtolearn.com

想知道这本书是否适合你吗？看看第 5 章计算机科学教学的行为准则，然后将它们铭记于心。我做过了！

——杰姆斯·科洪（James Cohoon）博士，

弗吉尼亚大学计算机科学系

这是一本让人豁然开朗和振奋的书，当我们努力将计算机科学纳入更多的活动时，我向数学和科学优异女孩俱乐部（Girls Excelling in Math and Science，GEMS）的领导者们推荐了本书。作者以实用性、易读性和趣味性的方式，全面介绍了计算。

——劳拉·里森纳·琼斯（Laura Reasoner Jones）

致杰克逊、詹姆斯，我的家人以及 Code.org 的工作人员：感谢你们在本书创作过程中给予的支持和耐心。

——奇奇·普罗特斯曼（Kiki Prottsman）

致我的家人和朋友们：感谢你对这个项目的鼓励和兴趣！

——简·克劳斯（Jane Krauss）

致 CSEd 社区的所有成员：你们的辛勤工作和奉献精神为这本书铺平了道路，谢谢你们的热情。

——作者们

原书序

亲爱的读者：

不要做我所做过的事（或大多数教师做过的事）。

在教师们还在使用透明塑料胶片式高射投影仪的时候，我从教授科学转向了教授计算机科学。当时没有如何教授计算机科学的书籍，更不用说计算思维了，所以我阅读了为专业软件工程师写的书，并以"计算机科学课程"为关键词进行了网络搜索，从而找到了大学教授的幻灯片链接。我拼凑了所有我能找到的东西，最后花了几个小时创建了自己的活动和课程计划。你可能正在教多个科目；你可能没有计算机科学的背景；也许你为人父母，孩子的学校没有开设计算机科学课程，而你却想为你的孩子提供一个学习计算机科学的机会。因此，除非你喜欢无谓地重复并且有大量的时间，否则不要再做我做过的事情了。

请读这本书吧！

作为促进计算机科学教育的美国全国性的非营利组织Code.org的首席学术官，每天醒来，我都想知道教师是在怎样的一种氛围中度过每一天的，是不是每个学生及他们的父母（甚至校长）都想冲入"编程"的潮流中来赶时髦。我知道一些人正在"自愿"教授计算机科学。我也知道一些学校正在邀请地区专家来建设计算机科学课程。我还知道有些父母正在问学校"你们教编程吗？"但我担心即使是最好的教师也不知道从哪里开始。

请读这本书吧！

在计算机科学教育中，我认为简·克劳斯（Jane Krauss）和奇奇·普罗特斯曼（Kiki Prottsman）正是写这一本书的合适人选。这两位专家一直处于计算机科学教育普及的前沿，了解该领域面临的问题，如公平性和多元化。在这本书中，他们将多年的研究成果和实践经验进行凝练，并以通俗易懂的语言描述了计算机科学是什么，它为什么重要，以及如何将它教授给不同类型的学习者。作者们的思想不仅是好的，而且是基于实际研究情况的，并且已经有数千次教学实践。我是怎么知道的呢？作为一名教师，我借助美国国家女性与信息技术中心的资源来了解妇女和少数群体在计算机科学方面所面临的问题，倡导多元化以及寻求提供更多计算机科学学习的机会。在 Code.org，我推荐了简·克劳斯的"盒子中的程序"（Programs-in-a-Box），并将她的计算机辅导员计划纳入我们所服务的地区，以促进管理人员和辅导员的专业发展。奇奇，她是我们计算机科学基础项目产品外观和具体内容的推动者，其课程已经惠及了全球数百万孩子，在相应的教师专业发展方面，通过遍布全美国的 200 多个服务商组成的网络，培训了数万名教师。奇奇认为计算机科学很有趣，她将这种观念融入本书的每一章。她精心制作了教程，设计了自己的编程杂志，而且她还有酷酷的紫色的头发——你还想知道什么？

虽然这不是你想知道的完整列表，但通过本书，你能找到：

● 目前已经审查过的资源——可打印的和在线的。

● 真正的教学思想。不需要花费太长时间阅读，也不需要使用你没有的设备，只要 45 分钟，但也可能需要 90 分钟，但这些都是容易教，并会让孩子们投入和兴奋的内容。

● 用真实世界的例子解释复杂的计算机科学思想，并与其他学科建立联系。

● 适合于每一个人的内容，即对正式和非正式的教育者、校内人士和校外人士、小学生、初中生和高中生都适合的内容。

因此，对于正在打算、已经学习或正积极开展计算机科学教学的数十万名教师来说，这本书非常值得花时间阅读。

请读这本书。

感谢你为支持计算机科学教育所做的工作！

帕特·扬巴蒂（Pat Yongpradit）

Code.org 首席学术官

本书是一本关于计算机科学教学的书，但在实践方面，还有很多内容未能在本书中呈现。本书能激发教师的好奇心、解决教学问题以及测试其适合作为学习者还是教育者。同样，对于学生而言，这也是一本关于创造、梦想、创新和让人受到鼓舞的书。

本书适用于那些在计算机科学方面几乎没有经验的 K-12 教育工作者、家长和学生。我们的目标是帮助你了解什么是计算（Computing），它为什么重要，以及如何使计算融入你的课程和学习。你将有很多机会亲自实践，了解到计算活动不仅教授计算机科学，而且更普遍地支持批判性思维。

虽然本书没有为每个年级提供完整的计算机科学课程，但提供了各种各样的练习题和教案，其目的在于揭示关键概念，激发你和学生的灵感。从本书中选取些练习题并试验了几堂课之后，如果你开始打算将计算结合到你教授的课程中，请不要惊讶。当你想要查阅更多的资料时，请访问链接 resources.corwin.com/ComputationalThinking，那里有更丰富的内容。

直到现在，在 K-12 教育中，计算机科学仍在很大程度上不为人所知。接下来，我们鼓励你将计算机科学视为"探究"和"艺术"。编程行业中有很多富有创意、善于讲功能故事的人。事实上，我们的开发过程与电影制作过程非常相似，从故事板到制作，我们将向你展示计算机科学如何像片场（Movie set）一样，在那里所有学生都能成为明星！

为什么写本书？为什么现在写？

大约 90% 的美国父母认为，开设计算机科学课程将能充分利用学校资源；超过 65% 的人认为应要求学校开设计算机科学。教师、校长和管理者越来越认识到计算机科学是一门有用的学科，但从表面上看，迈出开设计算机科学课程的第一步似乎令人生畏。作为教育工作者，我们可以想象教授其他科学、技术、工程和数学（STEM）课程需要什么；作为学习者，我们都有个人经验，有些人还是教师，而且我们都是科学新闻的消费者。因为我们不太熟悉计算机科学，所以可能觉得它不太通俗易懂，确实从表面上看，它似乎全是代码，看起来很复杂。

我们写本书是为了改变计算机科学（Computer Science，CS）的声誉以及人们对它的认识。教授和学习计算机科学不一定是令人生畏或乏味的。这是一个不断变化的行业，鼓励学生思考、分析问题，并定期尝试新的方法。作为一名教育工作者，你无须成为教授计算机科学的专家。我们建议教师与学生一起学习，并为其提供本书，以鼓励其坚定地走下去。

在我们出版本书时，美国只有四分之一的高中在教授计算机科学，低年级的比例更低。在 2016 年年初，美国只有 32 个州将计算机科学课程作为毕业要求的内容，而且通常包含在科学或数学的学分内（Code.org，2016）。其他提供计算机科学课程的州，则将其作为选修课，这意味着许多学生太过忙碌时并不会选修它。由于上述情况，富裕的家庭才会为子女寻求课外学习机会，学习与新兴就业市场相关的、重要的计算机科学技能，而其余的所有人都在不具备计算机科学技能的情况下毕业。

幸运的是，变革正在进行。2016 年 1 月，白宫宣布了"计算机科学全民计划"（Computer Science for All），它旨在"为新一代美国学生提供他们在数字经济中茁壮成长所需的计算机科学技能"（Smith，2016）。这种雄心勃勃的行动宣言将计算机科学定位为基本素养，是学生成为未来创造者的必备技能，因此，在 K-12 学校中开展计算机科学教育刻不容缓。父母准备好了，学生准备好了，通过"计算机科学全民计划"，美国国家教育部门和学区也做好准备了。

许多非营利组织、社区团体、政府机构、大学和私营公司共同推动而形成了计算机科学发展的大好势头。全世界有超过 1 亿名儿童通过 Code.org 的"编码 1 小时"尝试学习计算，并预计将会有更多的人参与。

创客空间和 CoderDojos（面向年轻人的、开放的、志愿者领导的编程俱乐部）正从美国各地的社区中涌现出来。美国国家科学基金会（The National Science Foundation）和其他组织正在资助教师的专业发展，预计在未来 5 年内为计算机科学教学培养至少 35 000 名教育工作者。谷歌公司的 CS4HS 和微软公司的 TEALS 项目正在提升美国的计算机科学教学水平。美国国家女性与信息技术中心（The National Center for Women & Information Technology）与所有这些团体进行协商，在帮助女孩和妇女学习计算机科学的具体实践方面，提出了很多宝贵建议。

美国一些大的学区将计算机科学视为"新常态"。洛杉矶联合校区（Los Angeles Unified）、迈阿密戴德学区（Miami-Dade）、芝加哥学区和纽约学区正在开发新的计算机科学课程，后面的三个区计划让每个孩子每年都来学习计算机科学。在州一级，阿肯色州最近通过了第一个真正全面的法律，承诺所有公立和特许学校都将教授计算机科学。

学生比以往有更多的教育选择，如 Code.org、CodeHS 和可汗学院（Khan Academy）都提供了免费课程。麻省理工学院（MIT）、哈佛大学和斯坦福大学甚至将它们的计算机科学入门课程打包成在线课程，免费提供给年龄较大的学生……甚至包括你！

你能学到什么？

在前几章中，我们将向你介绍计算机科学和计算思维的概念。通过快速了解分解、模式匹配、抽象和算法，你将看到计算机科学的核心元素如何体现在我们的日常活动中。你还将体会到，计算思维作为一种解决问题的方法，在我们生活的许多方面都很有用。

在深入了解编程的基础知识之前，我们借助第 1 章来纠正人们对计算机科学是什么和不是什么的一些误解，以消除困惑，知道学习使用计算机和学习计算机科学之间的差异，树立了对计算的正确认识。

在第 2 章中，你将了解为什么计算是所有学生需要拥有的基本素养。因为计算机科学是现代创新和商业的基础，所以那些具备计算技能的人可以追求广泛的兴趣并享受有丰厚回报的职业生涯。而且，这套核心技能可应用于任何类型的探究或调查中，所有学生都会受益，无论他们长大后从事什么样的职业。学习计算机科学，除了对个人有影响之外，我们还考虑了为什么世界需要更多的、各种各样的人，为计算机科学领域的研究、产品和服务做出贡献。

接下来，我们将邀请你加入计算机科学教育的挑战。通过强调结对编程（一种通过合作获得更好代码的方法），第 3 章将引导你直接进入计算领域。当你与朋友或同事进行"有声思考"时，你将体会到解决难题的满足感。

课堂上的压力和问题对我们很有意义。在第 4 章，我们解决了有关屏幕使用时间、技术获取、课表爆满、数字权利和项目成本等问题。

第 5 章是行为准则的总结，对计算机科学课程的教学入门很有用。第 6 章将回到计算思维进行更深入的探讨，第 7~10 章讨论了计算思维的核心要素，并提供了发展计算思维的学习活动。

空间推理是以计算为中心认知的另一个方面，在第 11 章中，我们仔细分析了空间技能如何帮助我们从具体到抽象，然后在对计算机编程时，再从抽象回到具体。第 11 章最后描述了"空间化"教学的技巧。接下来是第 12 章，深入阐述了风靡学校的、空间化的、动手又动脑的创客运动。

在第 13~17 章中，我们提出了一条计算机科学进入 K-12 教育的完整路径，包括校内开展计算机科学的建议以及相应的资源、课程，并给出课后非正式学习的建议。第 18 章重点介绍如何为学生创建和改编课程。最后，在第 19 章我们进行了总结，刊载了来自本领域的一些最新动态以及来自优秀教师的感言。

你可以随时随地访问本书配套的网站，以丰富你的阅读体验。在这里，你能找到本书中所有给定链接的学习活动，还有与我们所讨论主题相关的扩展内容，以及与你的学校没有太大差别的有用资源和故事。

准备工作

我们建议你在阅读时随身携带笔记本计算机或平板计算机。除了使用它来记录你的问题或做笔记之外，你还需要随时浏览数字内容。通过本书，你能找到可参考学习的互联网资源和要尝试的编程案例。

还有一点需要注意：在整本书中，从第 2 章开始，你将看到星号（*），它与值得你学习的资源相关联。所有资源都包含在配套网站上，并附有简短的描述和网站链接，可以为你提供更多信息。

灯光，摄像，开拍！

计算机科学即将登上大银幕，我们希望你在首映中！招募一两个朋友，一起从第 1 章开始学习。不要忘记记录你的问题和评论，这样你就可以与其他读者分享或在社交媒体上分享了。

简·克劳斯（Jane Krauss）与苏西·鲍斯（Suzie Boss）合著了畅销书《重塑基于项目式学习》（*Reinventing Project-Based Learning*）。作为一位资深教师和技术爱好者，简目前是项目教学与学习兴趣组织的课程和项目开发顾问。此外，她和美国国家女性与信息技术中心合作，鼓励女孩和妇女有计划地参与计算相关的包容性实践。此外，简还教授在线课程——基于项目式学习，在会议上发表演讲，并在美国和国际上举办专业的发展研讨会。闲暇时，简喜欢涉猎玻  璃制品和马赛克，为保持身材在俄勒冈州尤金市家门外的林间小路上跑步和散步。

奇奇·普罗特斯曼（Kiki Prottsman）是 Code.org 的教育项目经理，曾是俄勒冈大学的计算机科学讲师。作为门萨俱乐部（Mensa）的成员和计算机科学领域组织的女性前主席，她还为赫芬顿邮报（*Huffington Post*）撰稿并登上了《商业开放》（*Open for Business*）杂志的封面。

作为计算机科学就业与教育领域中计算责任和公平的倡导者，奇奇与各组织合作，增加女孩和妇女在科学、技术、工程和数学领域的经验。电路之旅（Traveling Circuits）这门动手实践课程是她的有里程碑意义的工作，帮助 Thinkersmith（推广编程教育的组织）获得了2013 年 Google RISE 奖，以表彰其在科学和工程方面的卓越表现。她目前是奇幻工坊机器人（Wonder Workshop Robotics，来自硅谷的编程机器人品牌）顾问委员会的成员，也是俄勒冈州女孩合作项目（Oregon Girls Collaborative Project）领导团队的重要成员。

译者简介

王晓春　首都师范大学教育学院副教授，硕士生导师，中国科学院软件研究所博士，清华大学计算机系博士后。发表论文30余篇，主持参与省部级以上课题10余项。主要研究兴趣：计算思维、人工智能教育、知识管理与数据挖掘等。

乔凤天　首都师范大学教育学院讲师，硕士生导师。中国教科院海淀STEM教育协同创新中心指导专家，四川省电化教育馆"四川省中小学创客教育指导专家"。主要研究兴趣：创新教育、课程与教学、教育游戏等。

目录

第 1 部分　设计故事板

第 2 部分　试镜

第 3 部分　制作

第 4 部分　展示你的特色

本书中的一些资源可在 resources.corwin.com/ComputationalThinking 中找到。

第1部分

设计故事板

计算领域有很多富有创意的、善于讲功能故事的人。在你阅读时，请注意我们将计算机科学与你可能熟悉的电影制作行业进行了类比。从故事板到制作，我们将向你展示计算机科学如何像片场（Movie set）一样，在那里所有学生都能成为明星！

在接下来的几章中，我们将从总体上介绍计算机科学是什么，以及它面向谁（每个人），并开始勾画你在学校开展计算机科学教育的总体蓝图。

1 计算机科学概论

你玩过数独谜题吗？你能看着乐谱演唱或演奏吗？你能解读一个针织图案或按照步骤折纸吗？如果你曾尝试过这些，那么就可以说，你已经体验过了计算机科学（CS）的一个基本组成部分 —— 算法。

算法：执行任务时遵循的步骤列表。

算法这个名词可能听起来有技术性且令人望而生畏，但实际上它只是执行任务时遵循的步骤列表。当我们参加有指令的活动时，就会见到算法，游戏、食谱和手工都是算法的物理表现形式，使我们不知不觉地与家里的计算机一样，都按照步骤执行指令 —— 归根结底，算法是每一段代码的核心。

在本书中，我们将鼓励你探索与"数字领域的主角"—— 个人计算机的关系。我们将充当向导，带你从熟悉的领域进入全新的领域，在那里你将与计算机进行交互，并将其作为发明的媒介。按照美国奥巴马总统的建议，开始想象你将如何准备这次旅行：

不去购买一个新的电子游戏，而是制作一个。不去下载最新的应用程序，而是帮助学生去设计。不要只是在手机上玩了，编程吧！

—— 巴拉克·奥巴马 [引自马查伯（Machaber），2014]

当你准备深入参与后续章节中的计算活动时，请充满热情地学习新事物，用成长性思维武装自己，并开始想象无限的可能性！

顺便说一句，下面是美国总统编写过的第一行代码：

```
moveForward(100);
```

如果奥巴马可以做到，那么你和你的学生也能做到！

现在，让我们审视计算机科学的基础 —— 计算思维，并利用其解决问题。这里的简短介绍仅是让你了解一下这些概念。我们将在第 6~ 第 10 章进行更为全面的讲解（并配备了一些教学资源）。

快速了解计算思维

关于计算思维的讨论开始于 21 世纪初，当时卡内基梅隆大学计算机科学教授周以真（Jeannette M.Wing）在一系列学术论文中介绍了该术语（Wing，2006）。当时，她提出，计算思维是一个人自信、坚持地识别、提出和解决问题时，所使用的一系列态度和技能。该术语很快演变为包括了计算机科学学习前需要具备的一套能力。我们将探索这些关键能力，并尊重开放式问题解决的原始概念，而这些开放式问题在当今标准化测试和脚本化课程中很少出现。

归结为最基本的要素后，可以看到，计算思维由四大要素组成：

1）分解

2）模式匹配

3）抽象

4）算法（有时称为自动化）

> 计算思维：在提出并解决问题或准备计算程序时所使用的特殊思维模式和过程，包括分解、模式匹配、抽象和自动化四大要素。

有了这四项技能，人们就可以为任何问题设计机器解决方案。但这究竟意味着什么呢？下面利用你可能熟悉的东西 —— 一个数独谜题（见图 1-1）来详细阐述每个元素。

这些小网格看起来很简单，但是一旦你开始玩，你会发现它们其实很复杂。数独的关键是用数字（通常是 1~9）填充所有空白格，使得在任何列、行或"宫"中每个数字只能出现一次。

即使有很多解决这些小谜题的经验，但描述如何解决它仍然是非常具有挑战性的。如果我们想为实现自动化（在机器上运行）准备数独算法（步骤或公式），就需要使用一些计算思维。

7	8	1	2	4	6	9		
	3	9			1	4	7	
4	5	2			9	8	6	
	9	5		2			1	8
2			7	1		5	3	9
1	7		5			2		6
	2	3	4	6	7	1		5
8	1				5		2	7
	6			8	2	3		

图 1-1　标准 9×9 数独

首先，让我们通过有意识地确定可能要经历的步骤列表来对问题进行分解，从而确定每个空白格可填入的数字。为了便于解释，让我们以下面这个 4×4 微型数独谜题为例，从左上角空白格（第 1 行，第 1 列）开始。

分解：将问题分解为更小、更易于管理的部分。

数独谜题的简单版本如图 1-2 所示，你如何确定第一个空白格要填入的数？作为人类，我可能会遵循这样的算法：

1）查看第 1 行中缺的数字（是 1 和 2）。

2）查看第 1 列中缺的数字（是 2 和 3）。

3）查看第 2 象限（左上角）中缺的数字（是 1 和 2）。

4）如果以上三组同时都缺的只有一个数字，则此数字便是左上角空白格中要填入的内容（那就是 2）。

	3	4	
4			2
1			3
	2	1	

图 1-2　简化后的 4×4 数独

5）如果以上三组同时都缺的还有第二个数字，请继续在下一个空白格使用相同的算法，并且当有更多信息时返回，重新对比空白格进行同样的操作。

虽然我们做了一些简化，但对于任何空白格来说，这些策略都是成立的。现在，为了进一步地说明，让我们看一下为第 2 行第 3 列的单元格确定答案的步骤（这次没有给出答案）。

1）查看第 2 行中缺的数字。

2）查看第 3 列中缺的数字。

3）查看第 1 象限（右上角）中缺的数字。

4）如果以上三组同时只缺一个数字，这个数字就是要填入的内容。

5）如果以上三组同时缺的还有第二个数字，请继续到下一个空白格，并且当有更多信息时返回，重新进行同样的操作。

此时，我们可以应用更多的计算思维来尝试获得一个算法，该算法将用于自动发现任意数独的解决方案。

在这里，我们将使用模式匹配。你看到第一组步骤和第二组步骤之间有什么模式吗？让我们比较两者中的第一条指令。

查看第 1 行中缺的数字。

查看第 2 行中缺的数字。

指令几乎相同。事实上，如果你要为每个空白格列出步骤，就会发现唯一改变的是你正在使用的行数，这就是一种模式！我们能用它做什么呢？

> **模式匹配**：查找项目之间的相似性，以获取额外信息。

这就是抽象的来源。抽象只是删除过于具体的、细节的行为，因此一条指令可以解决多个问题。

抽象：忽略某些细节，以便找到适用于一般问题的解决方案。

要完成上述指令的抽象，我们可能会将句子变成这样的：

查看第__行中缺的数字。

现在，空白处输入你当前正在准备填写的空白格所在行的行号。

为便于编出适合于这种规模大小的、能自动化的数独算法，你能将其他指令进行抽象吗？你们能够一起想出一种不同的方法吗？

头脑敏捷性训练

当你玩数独游戏、破解针织图案、学习新乐谱或者按安装说明书组装家具时，你感觉怎么样？当绞尽脑汁思考问题时，你是否会感觉到有点头疼？当深度沉浸在其中时，你是否感觉进入了一种"连贯"状态？当你如此投入以至于其他的担忧似乎都消失了，你会为感觉时间过得快而惊讶吗？在故障排除帮助了你克服障碍并向前迈进时，你是否深刻体会到满足感？难道你一点也不愿意运用认知努力去迎接新的挑战吗？

我们一直在讨论的那种脑力锻炼，与一位真正、真诚、有创造力的问题解决者为成为计算机科学家而迈出的第一步的感觉相似。在下一章中，将有更多机会将计算思维应用到练习和网络活动中，为在第 6 章～第 10 章深入探讨计算思维做好准备。

什么是计算机科学

计算机科学：研究、使用计算机和计算思维解决问题。

你可以将计算机科学视为如何使用计算机和计算思维解决问题的研究，而不仅是使用技术的行为，这就像观看电影与导演并制作电影之间的区别（见图 1-3）。我们已经有了一批电影观众，现在需要更多的制片人和导演（软件设计师、开发人员和程序员），他们可以创建世界所需的大量产品和服务。

图 1-3　电影制作隐喻

起始阶段

你可能惊讶地发现，我们所知道的计算机科学在第一台可重复编程的计算机出现之前已经发展了整整三十年（Rabin，2012）。这一切都产生于艾伦·图灵（Alan Turing）和阿隆佐·丘奇（Alonzo Church）的理论，他们认为自动化的方法对计算的内容有着明确的限制，而且需要将算法的内容以过程的方式形式化。

从那时起，计算机科学已经从研究什么可以进行自动化，发展为精细自动化的实践！计算机科学和计算思维不是一回事，但是，在将现实世界的情境或解决方案转化为算法时，计算思维是一个至关重要的组成部分。在本书中，虽然我们经常会单独提到其中的一个，但我们认为两者组合在一起才是最强的。

> **自动化：** 以自动方式控制过程，将人为干预降至最低。

什么不是计算机科学

接下来，与了解计算机科学的重要性几乎同样重要的，就是知道计算机科学不是什么。通常，家庭和教育工作者都认为他们的学生正在学习计算机科学，因为他们每周都会在计算机实验室里上几次课。通常情况下，这些课涉及学习使用文字处理器或图形设计程序等特定软件。这些都是使用计算机的重要内容，但它们并不是计算机科学。

计算机科学是培养学生数字化技能的绝佳工具。在学习计算机科学的过程中，即使最年幼的孩子也能学会使用键盘鼠标，进行复制和粘贴，保存文件，以及有效率地、负责任地访问互联网。计算机科学包含了这些经常被传授的技能，但反过来却不成立。

让我们来进一步讨论"计算机科学不是什么"。计算机科学并不枯燥。它既不简单，也不是只有最杰出或最有特权的人才能学习的高级学科。计算机科学是美丽的数字艺术，可以让你在创新的同时表达自己的想法和感受，并为人类提供解决方案。计算机科学是一个不断发展的主题，充满着未发掘的潜力并容许偏差。它既不静止，也不会枯竭。

计算机科学也不只是编程，虽然你可能很难描述这两个术语之间的区别，但看过我们的讲述，你就知道它们的区别了。

编程只是计算机科学的一个特定领域，它通常被认为是为机器编写代码，但编程还包括编码时出现的思维过程、结构设计和调试。计算机科学的编程过程就像脚本编写过程，为产品的完成提供路线图是一个极为重要的要素，但还有许多其他要素需要考虑。在电影制作中，这些要素可能包括表演、执导和编辑，而在计算机科学中，它们包括软件工程、用户界面和硬件设计。

人们也对编程和编码之间的区别感到困惑。这种区别有些细微，在大多数情况下，这两个术语可以互换使用，但对于关注者来说，则存在差异。

调试： 追踪并纠正错误。

过去几乎每个编写代码的人都是程序员。他们是受过教育的专家，他们为自己的技术感到自豪，并对自己编写的程序深思熟虑。在 20 世纪的 80 年代和 90 年代，越来越多的人开始自学编写计算机代码。符合逻辑而且漂亮的设计细节偶尔出现在新一代自创技术人员的工作中，这些技术人员通常被他们的专业同行称为黑客（hackers）或编码员（coders）。

今天，黑客这个词已经具有了一种险恶的内涵，而编码员这一标签继续用来描述可以拼凑程序但并不能巧妙设计代码的人。因此，专业程序员一般不会被称为编码员。

也就是说，我们在本书中经常使用术语"编码"，是因为它在描述入门级编程时是合适的。在谈到编码的实践、课堂或课程时，我们也会经常使用编程和计算机科学这两个术语。

当你阅读本书的其余部分时，我们不仅会向你展示如何独立探索计算机科学，还会向你展示如何将这种能力教给你的学生，甚至从预读开始。无论你的经验水平如何，这都值得一试。所以，如果你仍然对这段数字旅行感到困惑……别担心，我们会帮助你！

2 为什么孩子们应该 学习计算机科学

就像一部好电影一样，编码世界能吸引孩子坐到屏幕前，让他们感受全新的世界。与此同时，编码也可能会分散孩子们的注意力，使他们对现实世界的关注变少。一些人高呼"不插电"并远离电子产品，以获取平静，重新回到以我们自己为中心的世界。人们质疑让小孩子接触计算机科学（CS）的重要性，在某些情况下，甚至抵制计算机科学。然而，其实所有矛盾往往集中在将技术作为工具所耗费的使用时间上，而不是技术本身的问题。

在早期阶段，不像数学需要科学计算器那样，计算机科学不怎么需要计算机。在建立坚实的基础之前，技术并不是必需的，但当要在学校中开展计算机科学教育的话题出现时，父母、教育者和学校管理者仍然表达了对是否要使用计算机这一问题的关注。

不得不说，我们的孩子正处在心理发育的关键期，是向学生教授负责任的计算机科学更好呢？还是支持更传统的、非数字化任务从而放弃吸收性思维的益处更好呢？

让我们通过思维练习来探索这个问题。

想象一下，有一天你在一个不学习数学的国家醒来，小学没有数学测试，数字只表达数量而不是等式的重要组成部分。

在这个国家，初中生也不懂数学。他们在高中才听说公式，但很少有课程去教他们。事实上，这些学生可能一直到大学高年级，才会真正决定是否参加数学课程。因为他们的长辈亲戚说，未来的许多工作都需要数学，如果学了数学可能有一天会赚很多钱。但即使这样，他们也只是将数学作为一门选修课。

现在想象一下，最终决定探索数学的学生走进了课堂，他们发现在第一学期这么短的时间就需要完全地掌握算术、代数、几何和三角学，那他们怎么可能有机会培养对该领域的热情？这些学生又怎么可能感觉到他们为这段经历做好准备了呢？

显然，这个故事的目的是与美国的计算机科学进行类比。十年前，可能无法进行这样的类比，但随着越来越多的国家开展计算机科学教学，并向青少年教授计算机科学的基本原理，与之相比，我们（美国）却显得有些落后了。

计算机科学到底该学什么

当本书的合著者奇奇·普罗特斯曼推出 Thinkersmith 并开始为幼儿园开发计算机科学课程时，并不是要创建一个由小小程序员们组成的"秘密军团"。相反，她的目标是向年轻人展示计算机科学是一种自我表达的、创造性的手段。她经常将编程与带有文字图案的冰箱贴相类比，冰箱贴也能表达出很多含义，即使是在有限的预定义规则下。

当你学会在有限制的环境中创造性地思考时，你遇到的阻碍就会变成挑战，而不再是限制你的边界，而问题也会从不可能变成你的机遇。

在教小学生时，奇奇最大的心结之一就是学生对自己的思维过程缺乏信心。当一个孩子遇到没有人能解决的挑战时，他们的共同反应是自我怀疑。计算机科学真正的神奇之处在于能够始终如一地呈现从未解决过的问题，让学生以自己独特的方式去体验，去成为第一个做到的人。当学生知道他们可以改变时，他们会以完全不同的视角看待这个世界。当学生们知道每一次失败都是下一步尝试的线索时，他们就不会将失败视为挫折，并开始将其视为探索过程中的一个要素。如果告诉自己"我会找到一种方法的！"而不是说"我不能"，这个人将能做到任何事。

"我不认为每个人都会成为程序员，但是无论你在什么领域，以计算机能理解的方式表达并构建思想的能力都将成为未来的核心技能之一。"

—— 琳达·刘卡斯（Linda Liukas），Rails Girls Coding Community 创始人，
Hello Ruby 的作者

这种技能就是计算机科学教授的内容。它是解决问题的媒介，配有即时反馈的工具和朝着目标坚持实践的机会。

当一名学生得知每一次失败都是下一步尝试的线索时，他们就不会再将失败视为挫折，并开始将其视为探索的一个要素。

在计算机科学教育的世界中，包括如下一些特征要素：

1）创造力

2）协作

3）沟通

4）坚持

5）问题提出和问题解决

以下是对每个特征要素的简要说明以及计算机科学在其培养中扮演的角色：

创造力 —— 这是一个美丽的词汇。每当我们想象一个疯狂发明家的样子，总是将创造力与创新和激情联系在一起。计算机科学是各种形式的创造力的孵化器，既鼓励学生提出看待老问题的新方法，也鼓励他们使用经典技术解决新问题。因为可以随时运行程序，且运行速度也快，学生一旦有"如果……"的设想，就可以立即验证他们最疯狂的想法。

协作 —— 我们好像都认为，计算机科学家是在寒冷、黑暗的地下室独自完成所有工作，你也这样认为吗？但事实不是这样。独立的空间只适合于疯狂的科学家和超级英雄，而不适合于高效的程序员团队。许多著名的科技公司，如谷歌和脸书，已经转移到宽敞明亮的社区工作空间，以鼓励合作。一些公司，像推特（Twitter）、高朋（Groupon）和毕威拓（Pivotal Labs），甚至鼓励结对编程，这样可以分工合作，一个人寻找解决方案和隐患，另一个人编写代码。最好的技术是通过一系列不同的观点碰撞形成的，通过多人的思想交流实现目标！我们将在后面详细讨论结对编程。

> **结对编程：** 一种便捷的软件开发技术，两个程序员在一台计算机上协同工作。"驾驶员"编写代码，而"导航员"在编码时查看并给出建议。两位程序员经常互换角色。

沟通 —— 与电影制作一样，如果没有几个团队为项目提供专业知识，那么真正的史诗片就无法上映。团队之间需要有效且频繁地沟通。

以前，公众认为程序员和软件工程师是孤僻且不合群的，但事实并非如此。在计算机科学领域工作时，团队成员需要能够表达自己的想法，了解需求，并估计完成任务需要多少工作量。通常，这个过程需要团队和客户进行大量的、反复的交流。

> **成长型思维：**认为一个人的智力不是天生的或固定的，而是可以通过后天努力发展的。

坚持 —— 永不放弃！说真的，其实不要这样做。计算机科学是一个游戏，其中最大的规则就是"从失败中学习"。你们中的许多人都遵循安杰拉·达克沃思（Angela Duckworth）的做法，她建议我们帮助学生培养"坚毅"。而卡罗尔·德韦克（Carol Dweck）的心理学研究表明，面对困难时的坚持能培养孩子的成长型思维。两位学者都建议教育工作者在学生苦苦挣扎时进行干预，但要采取最小的、战略性的和支持性的方式。斯蒂格勒和希伯特在 2009 年对全球数学教学的纵向研究结果表明，与日本教师相比，美国教师更可能展示找到正确答案的路径，而日本教师则鼓励学生在解决问题中不断地尝试。有趣的是，在编程中，失败并不总是坏事！通常我们会故意让自己失败，以便检查结果并弄清楚错误在提示我们什么。这些"失败"案例是数据点，可以添加到我们不断增加的想法中。很快，数据代表一种模式，这种模式将引导我们找到一直在寻找的答案。我听过很多老师说"失败（FAIL）即学习中的第一次尝试"（FAIL=First Attempt in Learning）（见图 2-1），但失败在第 5 次、第 15 次或第 5000 次尝试时同样有用，所以请坚持尝试！

图 2-1　鼓励学生重新定义什么是失败（F.A.I.L.）

问题提出和问题解决 —— 当学生掌握了解决问题的方法时，他们也掌握了人生。学习的力量不会随曲折和阻碍而减弱。计算机科学充满了识别和解决问题的机会，以及提高人们解决问题能力的技术。以计算为例，系统性探究是调试时使用的技能，通过它可以缩小问题的来源并突出显示解决方案；另一个例子是分析可选项，也就是你在使用 if 语句时做的事情，它使我们看到有多种方法可以绕过障碍。

> **If 语句:** 仅在满足一组已定义条件时才运行的代码段。

当然还有其他方面需要考虑，但问题解决是计算机科学必不可少的一部分。如果你浏览所教科目的教学标准，会发现其中很多条目是"问题解决"引出的。计算机科学是与商业教育和音乐截然不同的领域，它将解决问题视为一项关键能力，并且由于大多数计算机科学活动都发生在学科背景下，因此无论学生在学习什么，计算机科学都会在培养他们问题解决能力的过程中担负起双重责任。

计算机科学教育的简要回顾

现在，计算机配备了图形用户界面、应用程序软件并具有连接远程设备的能力，但在此之前，计算机只执行通过用户编程发出的命令。如果希望计算机计算数字总和，用户将编写一个计算机程序（即代码行），指示计算机接收输入（如数字），执行函数（如加法），并产生一个输出（如总和）。今天，计算机中的许多活动是用户看不见的，大多数程序都由经过特殊培训的专家编写而成。

当过去计算机用户必须是计算机程序员时，计算机科学教育有很大的发展动力。我们通过研究那些最先主张在学校开展计算机编程的先驱们，来追寻现代进步教育的根源。20 世纪 70 年代初，麻省理工学院的计算机科学家、数学家和教育家西蒙·派珀特（Seymour Papert），也是儿童心理学家让·皮亚杰（Jean Piaget）的学生，率先在课堂中教授计算机科学。他通过 Logo 语言向孩子们介绍计算机科学，这是一种在最普通计算机上运行的教育编程语言。如果一名儿童程序员想用计算机来绘图，她会为此用 Logo 语言编写一个计算机程序，这是因为当时没有现成的绘图软件，也没有基于网络的绘图程序，当然也没有 Adobe Illustrator（一款绘图软件）来帮她完成这项工作。孩子们用一个非常简单的界面，直接将命令写入计算机的控制台，用"海龟"（一种机器人光标）在屏幕上绘图。

可以画出雪花的 Logo 代码示例和程序如图 2-2 所示。

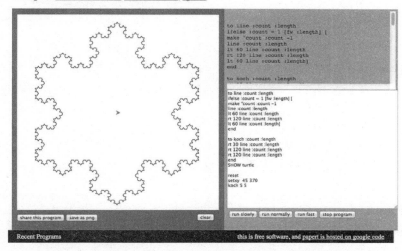

图 2-2　现代版 logo，被称为"派珀特"，可在大多数 Web 浏览器中运行
（版权所有 ©2016 派珀特）

　　如果你已经尝试过编码，那么你可能会理解为什么派珀特将计算机比作"泥巴"，这两者都是"思考的工具"（派珀特，1980）。计算机科学是表达思想的媒介，程序"运行"产生的结果就是你想通过代码获得的实际效果，所以编程不仅可以解决生活中的问题，还是可以为生活带来创新的媒体。

　　派珀特将渐进式教育的对话从建构主义扩展到建造主义，并认为学习最好的方式是建立有形的、可分享的东西（Ackermann et al.，2010）。不断壮大的创客教育运动及其背后的哲学（见第 11 章）是建立在建造主义逻辑之上的。

　　不要将计算机仅视为装有应用程序并可以与其他设备同步的装置，而应将计算机视为原材料 —— 就像小孩子玩的泥巴 —— 成果如何只受用户创造力的限制。拥有这种想法将有助于你成为更好的学习推动者，你不太可能说"孩子们，这就是我们今天要做的事情，现在遵循步骤 a、b 和 c 将其完成"，而是更有可能问"你想要做什么？到目前为止你做到哪里了？"

　　这样做，你的学生将受到鼓舞，他们可能更相信自己，从而敢于尝试新事物，创新就是这样开始的。

计算机非常快速、准确和愚蠢；人相对缓慢、不准确和聪明。两者的结合将超越计算的力量。

—— 利奥·彻恩（Leo Cherne），经济学家

学生的创造力引导他们走向何方？有些孩子想要发明一个大型游戏，但更多孩子想要改变我们生活的世界。下面我们看一下面对挑战时，孩子都已经做了些什么：

（1）美国康涅狄格州的一位 8 岁儿童使用 Scratch 为她的 MaKey MaKey*（一个带微控制器的印制电路板）编程，控制她用乐高积木制造的猫食分发器。

注意到 MaKey MaKey 有星号标记了吗？所有标记了星号的资源都值得注意，在本书的配套网站中列出了相应的链接，请参阅 resources.corwin.com/ComputationalThinking。

（2）美国特拉华州的一名四年级学生使用 3D 打印机和设计软件来为他自己制作假肢。

2015 年威瑞森创新应用挑战赛（Verizon Innovation App Challenge）的获奖者（Oddy，2015）提出了从未有人提出的想法，然后麻省理工学院帮助他们开发了应用程序：

（1）位于美国亚利桑那州钱德勒的 Kyrene Aprende 中学的学生开发了 Echo-Kick，这是一个鼓励可持续和健康发展的竞技性社交媒体环境。

（2）特拉华州威尔明顿卡洛威艺术学院（Cab Calloway School）的学生创建了 VirDoc（一具虚拟的尸体），让学生可以一边学习解剖学一边进行虚拟解剖。

（3）位于华盛顿州肯纳威克的 Tri-Tech 科技中心的一群高中生发明了 Safe & Sound，一款帮助青少年管理压力和抑郁情绪的应用程序。

谷歌科学挑战赛（Google Science Fair）的获奖者们充分发挥了他们的想象力：

（1）宾夕法尼亚州匹兹堡市 14 岁的米希尔·加里梅拉（Mihir Garimella）在他的飞行传感器机器人中，模仿了果蝇的躲避行为，使其能够避免相互碰撞，以

防干扰救灾工作。

（2）加利福尼亚州圣何塞市的 15 岁学生马娅·瓦尔马（Maya Varma）设计了一种用于诊断肺部疾病的低成本设备。她用 3D 打印机打印了一个自定义的肺活量计（一种用于测量肺部空气容量的仪器），并将其与微处理器和手机 APP 相连接，两者都是她自己编程的。她的发明成本是 35 美元，软件是开源的，却能帮助诊断五种常见的呼吸道疾病。

还需要更多灵感吗？下面这些 2015 年英特尔国际科学与工程大奖赛（"英特尔国际科学与工程大奖赛奖"）决赛入围者解决了个人健康与安全问题：

（1）蒂莫西·福萨姆·雷尼尔（Timothy Fossum Renier），17 岁，来自明尼苏达州德卢斯市的东部高中（East High School），他知道手部卫生是医院预防感染的关键因素之一，于是他对一台树莓派小型计算机进行编程，用于监控医院工作人员的洗手情况。

（2）詹姆·安杰尔·埃尔南德斯（Jaime Angel Hernandez）和阿莱达·奥尔维拉（Aleida Olvera），得克萨斯州布朗斯维尔的退伍军人纪念早期大学（Veterans Memorial Early College）附中的高中三年级学生，发明了 SmartGuard，这是一款智能手环和智能手机应用程序，可以在佩戴者遇到紧急情况时提醒紧急联系人。

（3）在一个名为"Nuts to 911"的项目中，一个来自马萨诸塞州数学与科学学院的三年级学生凯瑟琳·施维克特（Katherine Schweikert），对 EpiPen®（用于治疗过敏反应的注射器）进行了改进。她制作并编程了一块电路板，将 EpiPen 与智能手机相连，当按下 EpiPen 注射器后可激活手机以自动拨打紧急服务。

你的学生的关注点和想象力会把他们带向哪里呢？即使他们现在还没有准备好设计出成熟的解决方案，也请鼓励他们学习设计思维（第 12 章），并让他们接触发明的工具——计算机和编程。

不开展计算机科学教学是不负责任的

到目前为止，我们已经将计算机科学当作一种基本素养，并且分享了孩子们用代码完成的一些惊人的事情，并举例说明了为什么所有年轻人都应该有机会学习计算机科学。让我们稍稍拉回镜头，考虑一下，为什么计算机科学在学校课程中变得像阅读、写作和数学一样普遍非常重要。

有越来越多、各种各样的人学习并掌握技术时，我们每个人都会受益。目前，美国教授计算机科学课程的高中仅占四分之一，并且通常为选修课，只覆盖一小部分学生。而且这个群体主要是白人、中产阶级和男性，在蓬勃发展的科技世界中，这不足以满足需求。我们需要一个更大、更多元化的人才库。

当工作团队成员多元化时，他们更具创新性，会生产出更好的产品。有一项研究着眼于团队组成以及团队对专利的重视程度，其研究结果证实了上述观点（Ashcraft & Breitzman，2012）。

在过去 25 年中，有人对信息技术领域授予的发明专利进行了审查，并根据引用它们的后续专利的数量对其进行了评级。事实证明，混合性别团队发明的技术专利的引用次数比单性别团队多 42%！该研究仅指出了性别影响，而种族和文化的多元化研究也显示出相同的效果。不同观点和生活经历促进了创新的发展，使每个人受益。

我们再来看看电子游戏行业。你可能会惊讶地发现 18 岁以上的女性玩家比 18 岁以下的男性玩家多一倍（2015 Essential Facts，2015），44% 的游戏玩家都是女性，她们每年花费大约 92 亿美元用于电子游戏，但电子游戏行业的大品牌游戏和高价位营销活动依然以青少年男性为目标。为什么会这样呢？在很大程度上，这与 89% 的游戏设计师（以及高达 97% 的游戏程序员）是男性有关（Burrows，2013）！

有趣的是，虽然 94% 的非裔美国青少年活跃于社交媒体中，但在最受欢迎的社交媒体组织中，工作人员里只有 1.8% 是黑人（Harkinson，2015）。对于拉美裔和拉丁裔来说，情况大致相同。

整个群体都没有机会参与创建环境，即使这个环境让他们花费很多时间。如果没有听到有人抱怨，你可能会问，为什么我们应该打破这种趋势？尤其在受益于这种失衡状况的人群中，很多人有同样的疑问。答案是，有人在抱怨，并且缺乏多元化对行业的真实影响比普通 CEO 承认的要大。

多元化，提高整体水平

最近，围绕妇女和其他参与比例低的群体进行的讨论集中在公平问题上。每个人都有机会获得高薪的、创造性的工作，这样才是公平的。虽然这很正确，但这样的价值主张太深奥，超越了个人能理解的范畴。正如上文中的专利故事所示，多元化提高了创新，创新影响了我们的社会结构。我们需要更多元的思想来解决我们的问题，并改进产品和服务。

企业雇用更多的少数群体和女性，不仅仅是为了公平，还是对社会负责任的表现。当解决方案来自真正了解客户的团队时，产品会更好，市场份额会更大。简而言之，拥有多元化的员工队伍将使组织具有更强的竞争力，并能提高组织的整体水平。

多元化，以获得更大更好的人才库

多元化重要性的另一个原因是什么？是因为从事科技事业的人太少，准备和机会之间的差距正在扩大。预计到 2024 年，美国将有 110 万计算机相关的职位空缺。以目前的准备率，那些需要本科学位的工作机会，我们仅能够填补 42% 的空缺（*NCWIT by the Numbers*，2016）。

通过吸收更多的女性和有色人种，人才库不仅会更加多元化，而且会更大。事实上，如果女性参与技术的程度与男性相同，那么持续的就业缺口将会得到解决。

报酬良好的工作

科技相关的工作收入很高，每个人都应该有机会获得此类高薪工作。无论是拥有技术认证、军事经验还是学士学位，其工资都高于大多数需要相同数量学习或培训的工作。美国劳工统计局提供的数据见表 2-1（2015）。

表 2-1　2014 年学历与平均工资

工作职位	学历	2014 年平均工资
计算机支持专家	副学士或认证	$50380
Web 工程师	副学士	$63490
网络系统管理员	学士	$75790
计算机程序员	副学士或学士	$77550
软件工程师	学士	$98430

注：资料来源于美国劳工统计局（2015，12 月 17 日），检索自 http://www.bls.gov/ooh/computer-and-information-technology/home.htm

在收入最高的 25 种工作岗位中，有 14 种是技术性的（Adams，2015），并要求有学士学位，这样强劲的招聘需求预期将持续到 2022 年。

工作无处不在，包括在你的家乡

许多人认为所有技术工作都在硅谷或大城市的技术中心，但事实并非如此！整整一半的技术工作超出了我们所知道的这些技术部门。由于技术是商业、医疗服务、制造业、金融和其他主要行业的支柱，因此，在美国（或世界）范围或家附近的任何地点、任何行业，人们都可以找到工作。

你可能不会想到，技术依赖型公司会在 Dice.com（信息技术和工程专业人士招聘网站）上发布如下招聘信息：

1）肯塔基州的 UPS 公司正在招聘应用程序架构师和 Java 开发人员。

2）伊利诺伊州的 John Deere 公司正在招聘移动应用程序开发人员、IT 分析师和 Java 技术主管。

3）位于纽约的 Macy's 公司正在招聘电子商务平台和移动应用程序的开发人员。

4）北卡罗来纳州的美国银行（Bank of America）正在招聘软件工程师、数据库管理员和网络安全架构师。

5）亚利桑那州的 Allstate Insurance 公司正在招聘软件开发人员和高级数据科学家。

6）默克制药公司（Merck Pharmaceuticals）在新泽西寻找实验室信息技术（IT）分析师，在布拉格招聘数据工程师，在新加坡招聘数据安全分析师。

7）在线工艺品市场 Etsy 公司正在巴黎招聘用户体验主管，在都柏林招聘网络运营经理。

这些工作可以改变世界

如果有人告诉我软件是关于人的，它通过使用计算机技术来帮助人们，那会更早地改变我的观点。

—— 瓦妮莎·赫斯特（Vanessa Hurst），CodeMontage 的创始人
（Lieberman & Chilcott，2013）

无论你是想赚大钱还是想改变世界，计算机编程都是一项不可思议的、应该学习的、使人变得强大的技能。

——哈迪·帕尔托维（Hadi Partovi），科技企业家、投资者，Code.org 的创始人

（Lieberman & Chilcott，2013）

你可能认识许多年轻人，他们对能使世界变得更美好的职业更感兴趣。告诉每一位你知道的兽医、艺术家、商业大亨、人道主义者、医疗保健提供者、宇航员和社区活动家，计算机科学可以成为他们用来改变世界的"超能力"。

第2部分

试 镜

加入到不断壮大的计算机科学教师队伍中，你将很快做好拍"特写"的准备。

3　动手尝试编码

　　既然你已经对编码、编程和计算机科学（CS）有所了解，那么让我们进入体验式学习吧。在本章中，我们鼓励你进行一些挑战，忽略目前在课堂教学中的实际应用，把它想象成一个公开的试镜，争取一个机会，加入这个名为"计算机科学"的作品演员表中来！

　　与几乎所有学科一样，深入学习计算机科学的最佳方法是准备教它。在许多情况下，轻松地讲授新事物的第一步是获得一些积极的个人经验。我们认为，确保对计算机科学有积极体验的最佳方式是尽早开始。

很值得花时间

　　在本章的最后部分，我们将陪你完成一些练习，这些练习根据学习进展，会增加难度并提供奖励。你可能想跳过初步活动，因为它们可能看起来很琐碎、很简单。请注意，这些小练习值得你花时间，就像锻炼前做伸展运动可以帮助你保持柔韧并避免受伤一样，这些练习可以为你学习未来章节做好准备。此外，你的大多数学生很可能会从头开始探索，所以你亲自完成这个过程将有助于对他们的学习经历感同身受。

　　为了尊重你的时间，我们考虑过各种各样的教程，最后将我们的教程提炼为三个导入活动和两个练习，它们将为后面章节的学习做最充分的准备。

　　为了随时记录你的想法、感受、顾虑和问题，我们建议你随身带好笔记本或数字平板电脑，随时记下你对每项活动的体验，并在出现问题时记下来。如果本书的后续章节没能回答这些问题，请使用我们的配套网站 resources.corwin.com/ComputationalThinking 来获得问题的答案。如果你正在参编一本书，请与你的读者分享你的经验。保持这种经验的共享是学习乐趣中的重要组成部分。

关键策略：结对编程

如果你真想在接下来的练习中有所收获，我们建议你结对编程。结对编程是一种经过验证的方法，可以促进学习并有助于编写更好的代码，有时也被称为"同伴编程"（peer programming），即与你身边同伴一起编码的行为。在学校中，就是将两名学生安排在同一台机器前，将其中一个人指定为"驾驶员"，而另一个人指定为"导航员"。驾驶员用鼠标操作，用键盘输入；而导航员注重整体并确保代码合乎逻辑。二人在工作一段时间之后，互换位置（常常依据时间限制、解决问题的数量，或其他一些可测量的方法）。

在当前教育背景下很容易看到结对编程的好处：首先，结对编程只需提供一半数量的计算机；此外，这两种角色的学生都在进行有声思考，这是一种评估和改进推理的元认知策略；还有一个额外的好处，每个小组内的同学相互发现问题并改正，这就减少了需要教师提供援助而举手的人数（Williams et al., 2000）。这意味着学生也不太可能在挫折中退出，并且更有可能减少他们程序中产生的错误（Williams & Upchurch, 2001）。

结对编程的数据非常有说服力，所以一些公司已经采用了结对编程方式。研究表明，结对编程通常作为"极限编程"思维的一部分而被采纳，在几乎相同的时间内，结对编程可以编写出质量更高的代码，就好像每个人都在独立工作一样。此外，有位伙伴帮助你从自己想法中跳出来是很好的，当一项任务看起来过于艰巨时，这种方法提供了鼓励编程的环境。

由于上面提到的几个原因，以及将计算机科学传播到全国每个教室的愿望，我们建议你与合作伙伴一起进行后面的练习。如果你无法找到可以与你一起坐在计算机前的人，请安装一个群聊客户端，并随时共享你的屏幕。当你在这些活动中取得进展时，与另一个人交谈和有声思考，这样可以事半功倍。

现在你已经准备好了，是开始的时候了。和任何好的练习一样，在我们进行主要练习之前，会先做一些导入活动和练习。在你做这些的时候，记下你的经历，并思考教学准备和练习后面的问题，然后再到下一个。

导入活动与练习

留出几个小时来与合作伙伴一起深入了解这些导入活动和练习。从列表的开头开始，按顺序做，每个活动都只要花费 15~30 分钟。每项活动都可以帮助你建立技能、自信和熟悉感，以便你阅读本书的其余部分。

导入活动

导入活动 1：魔术笔（Magic Pen）—— 学会与众不同的思考
（15~20 分钟）

描述： 这个基于 Flash 的物理游戏要求用户用魔术笔和形状库来解决谜题。使用此应用程序可以思考该题的多种解决方案，这些解决方案仅受限于你的想象力。

计算机科学相关部分：使用分解把复杂的问题分解成多个简单的问题。看看你是否能使用模式匹配发现问题之间的相似性，然后通过抽象出差异，重新调整上一轮解决方案。请坚持下去！

需要思考的问题：
① 刚开始用魔术笔和使用一段时候后，你感觉有什么不同？
② 当你第一次遇到困惑时，是否曾想过放弃？
③ 你怎样鼓励自己，让自己再坚持长一点时间？

http://media.abcya.com/games/magic_pen/flash/magic_pen.swf

导入活动 2：演奏礼堂（Play Auditorium）—— 坚持和调试
（15~20 分钟）

描述： 当你演奏的时候，伴随着柔美的光线、平和的和声，你将感觉不到难度的增加带给你的紧张感。每个谜题都有解决方案，但它们并不是显而易见的。

计算机科学相关部分：这是坚持不懈的终极考验！当你通过一个又一个挑战时，一路调试，请坚持下去。每完成一步，解释结果，再找出下一步该做什么。最后你离解决方案越来越近，还是更远？

需要思考的问题：
① 你总在试错吗？或是你能找到游戏的线索吗？
② 在什么时候你开始发现自己会在继续进行之前停下来思考并计划？
③ 什么方式有助于你和另一个人一起经历这个阶段？
④ 有声思考有助于你利用推理得到正确的解决方案吗？

http://www.cipherprime.com/games/auditorium

导入活动 3: 电灯机器人（Lightbot）—— 用计算机编程
（15~20 分钟）

描述：在你了解这个有趣又友好的在线游戏之前，你已经开始编写代码。在方格间引导你的 Lightbot 到达特定的目标位置时，将使用表示跳跃的弹簧、表示前进的箭头等指令块。

计算机科学相关部分：此应用程序旨在帮助你习惯通过拖动指令块到程序区来控制角色的动作，并学习调用过程函数提升程序的质量。

需要思考的问题：
① 你看到你的活动与编程有什么关系吗？
② 直觉以什么样的方式帮助你进步？
③ 如何通过讨论这些问题，甚至是手势，帮助你顺利通过当前级别？

---

http://lightbot.com

练习

练习 1：计算机科学基础课程 1—— 词汇和概念
（30~45 分钟）

描述：这个循序渐进教程是对计算机科学基础知识的一个真正介绍。在此课程中，你将了解算法、调试、持久性、循环和事件。请尽力深入学习这堂入门课。
（你可以跳过"不插电"课程，但记下它们备用。）

计算机科学相关部分：使用此应用程序可以熟悉计算机科学词汇和概念，并学习如何结合诸如条件和事件之类的基本元素来解决棘手的问题。

需要思考的问题：
① 你正在编程！感觉怎么样？
② 你能理解积木块式编程风格吗？
③ 你体验循环和事件了吗？
④ 当学习函数和变量等其他概念时，这个活动对你有怎样的帮助呢？

---

http://studio.code.org/s/course1

练习 2：Code School 的 Javascript.com —— 实际编程
（30~45 分钟）

描述：本教程是 Code School 的 JavaScript Road Trip 的预备课程，将使你顺利开始基于文本的编码。JavaScript 是一种针对 HTML 和 Web 的强大而灵活的语言，请按照提供的指南学习其基础知识。

计算机科学相关部分：体验在控制台中键入代码行的优点，并观察计算机对命令的响应，这是在准备编写自己的入门级应用程序之前的最后一步。

需要思考的问题：
① 用目前业界流行的语言控制计算机是什么样的？
② 你能开始发现一些编程规则的线索吗（例如在字符串两端放上引号或在语句结束时使用分号）？
③ 你能想象自己从一开始就独立编写程序，或者在这个阶段，你是否更倾向于在已有框架之上建立程序？

http://www.javascript.com

总　结

总结：记录并分享

描述：导入活动和练习的总结性反思

需要思考的问题：
① 你对"编程"的总体印象是什么？
② 你能把这些任务看成是谜题和挑战吗？或者你感觉它们像家庭作业吗？
③ 哪些活动让你最兴奋，为什么？
④ 哪些任务真正考验了你？不确定的感觉如何？
⑤ 关于第一次经历，你与别人分享什么？

我做了什么以及接下来做什么

本章已经带领你走过了一段漫长的旅程，从一名探索将计算机科学引入课堂可能性的孤独教育家转变为一名初级程序员！现在你已经有了初步的尝试，鼓励一下自己，稍微庆祝一下，然后进入下一章，在那里我们开始构想计算机科学作为实际课堂课程的一部分会是什么样子。灯光，摄像 —— 开拍！

4　开始教学

作为一名教师，在将计算机科学融入日常教学时，你不必花太多心思去关注其学科前沿。你或你的同事可能会担心要在本已拥挤的课程计划中再安排进一个课程；父母们担心会给孩子的日常生活增加更多的"看屏幕的时间"；学校管理者不确定为计算机科学课程重新培训教师是否值得。

将正确的方法和道德责任作为整合计算机科学活动的方式，能增加"赞成"的推力，同时减少"反对"的阻力，最终使学生获得所需的经验。

将计算机科学添加到你的教学计划中时，你能通过简单的过程检查来控制许多问题。学生是否觉得所有计算活动都很有趣呢？如果没有，有些活动可能被滥用了。这些活动是否促进了科学调查或创作过程呢？创建计算机模型或仿真可以帮助学生以不可能的方式看到或体验信息，并且数字艺术的可能性是无穷无尽的。如果你的答案完全站在增强学生经验的一边，那么你就在正确的轨道上了！

从简单的技术开始

一种将计算机科学融入课堂而不需要额外增加看屏幕时间的方式是"不插电"课程，不插电课程是不需要数字设备或互联网的计算机科学活动，就把它们当作计算机科学的"现场演出"吧！通常，它们需要艺术、手工艺、游戏和运动来帮助理解词汇和概念，就像大学入门课程那样复杂和多样。展示比讲述更容易理解，因此请看看我们的"不插电"课程（如第 10 章的"算法和自动化 —— 一个赞美生成器"），并仔细浏览配套网站链接中"我们最喜欢的内容"。

鼓励孩子们在课堂上合理走动

负责任的计算机科学教育工作者，要教你的学生如何成为有责任感的计算机科学学习者，这意味着学生需要学会照顾自己的身体、心理和周边环境。

技术的使用会对身体造成一定损害。长时间坐在电脑前对任何人的健康都不好，所以应该鼓励孩子经常起身走动——特别是在机器上编程时。允许学生在房间里自由行走，研究别人在做什么，这在数学课上可能是不妥的，但在计算机科学课程中，积极协作是一种高效的学习技巧。

计算机活动应该仅用很短的时间，理想情况下不应超过学生能够不受干扰地独自坐着阅读的时间，为什么？当我们在屋外时，人类将在三维空间中环顾四周，从上到下，从一侧到另一侧（接近180°）。在计算机前，我们只关注一个二维空间，其范围从顶部到底部约为30°，从一侧到另一侧为40°~50°［监视器高度和位置指南（*Monitor Height and Position Guidelines*），2008］。在这种有限的高对比度环境中花费太多时间会导致眼睛疲劳和肌肉酸痛。记住这一点，我们鼓励学生遵循"20/20/20"规则：每隔20分钟，起身做伸展运动，同时至少看20英尺（约6米）以外的地方至少20秒。如果需要的话，可设定一个计时器。

> 20/20/20/ 规则：每隔20分钟，起身做伸展运动，同时至少看20英尺（约6米）以外的地方至少20秒。

休息时间也是聊天的好机会。如果你想让学生放松一下，有些舞步会很管用！我们后面提到的"Tut、Clap、Jive"活动，将会使每天都很有趣。

当然，久坐不动的生活不只发生在学校里。应该告诉学生，他们在一天中每看一小时屏幕，就应该花费相同的时间到外面玩耍、参加体育运动或者去散散步。如果他们很早就听到这种鼓励，那么比起他们晚些时候才听到这种鼓励，更有可能将积极运动养成一种习惯。

谈到技术，你的工作是帮助学生管理自己的幸福。现在，我们已经谈到了身体健康，是谈论心理健康的时候了，因为它与数字世界相关。

培养批判性的信息消费观念

英国最近的一份报告 [儿童和父母：媒体使用和态度报告（*Children and Parents：Media Use and Attitudes Report*），2015] 表明学生越来越相信他们在互联网上阅读的所有内容。如果他们的父母也盲目相信他们在互联网上阅读的所有内容，并传递这些信息，可能会加剧孩子的问题。使事情进一步恶化的是，智能搜索引擎已将它们的算法调整为利用已知用户偏好提供"最佳结果"（Herlocker et al.，

2012），因此你通过任何搜索得出的"最佳"结果都将与你已有的观点保持一致
（White，2013）。

同样地，社交媒体网站为你推荐的帖子主要来自你最常互动的朋友，这使得
你所接触的大多数观点都只是继续增强你现有的观点。

这种现象能促进团结，但是不利于各种观点的交流和开放式的探索，因此每
个学生都应该接受关于网络可信度的全面教育。虽然这部分知识没有明确属于计
算机科学，但对搜索引擎的关注和如何正确使用，对于计算机科学教育非常重要，
因此非常有必要在本书中进行讨论。

这方面的教育有助于学生认识到：像电影一样，虽然网页看起来很真实，但
仍然是完全虚构的。即使学生已经认同这个信息，也应认识到其他来源发布的信
息也具有真实性和权威性。同时有必要让学生通过一些练习看到，即使在一些看
上去最可信的页面上也有荒谬的信息。教他们如何用数学课检查题目的方式"检
查他们的工作"，让他们找到"事实"并追溯到维基百科以外的地方，比如说，是
在 Snopes.com（核查并揭穿谣言和传闻的网站）页面上的第一批结果之中吗？

真正受过良好教育的公民需要了解这些事实信息的来源，虽然我们尝试提供
一些我们的信息来源，但同时也需要其他书来完善你的学科判断。有关本学科课
程的详细信息，请参阅我们的配套网站（resources.corwin.com/ComputationalTh-
inking）。*

"人们很容易上当受骗，他们会相信在印刷品中看到的任何东西。"

——E. B. 怀特（E.B.White），**夏洛的网**

保护隐私并防止网络欺凌

据说"熟悉会产生蔑视"，但显然匿名会产生无视、批评和敌意。休斯敦大学
的一项研究发现：匿名用户发布不文明评论的可能性几乎是身份认证用户的两倍
（分别为 53.3% 和 28.8%；Santana，2013），这表明互联网上有很多可怕的行为。

今天的学生们享受着最新、最好的设备，这其实也是一种压力，人们已经很难跨越数字鸿沟。匿名在互联网上交流时会给青少年带来噩梦。由于近91%的青少年通过移动设备访问互联网，并且近71%的青少年经常访问多个社交媒体网站（Lenhart，2015），因此几乎可以肯定，他们每个人都有可能遇到心怀仇恨的人。

数字鸿沟：对计算机和互联网的不同访问，导致不平等现象持续存在。

如果没有得到适当的监控，互联网会变成一种恶毒、危险的精神杀器。那么，在鼓励学生浏览和分享网页时，教育工作者应该做些什么呢？

13 岁以下：监控和保护

在美国，大多数13岁以下的学生不得在社交媒体上拥有自己的账户。如果你在教室中使用博客或在线学习网站，请确保你可以控制每个账户的设置。儿童教育网站（如 Codecademy、Code.org 和 Edublogs）通常会有批量注册页面，以便将学生与你的教师账户相关联，而无须填写过多的个人信息，例如学生 ID 或电子邮件地址。

13 岁及以上：信任但要核实

青少年和互联网是一个不稳定的组合。青少年已经能够自立，值得信任，但他们仍然习惯试探边界和挑战约束。作为一名教育工作者，你如何保持平衡？

对这个年龄段的学生，我们建议你利用他们渴望表达自己的心态，鼓励他们在学习中适当使用社交媒体，并鼓励学生将社交媒体作为存放成就的电子档案。告诉他们论坛上常见的安全隐患，鼓励学生只允许私人朋友访问他们的个人资料，从而保护他们的隐私。给网络欺凌下个定义并不客气地谴责它，以零容忍的态度和明确定义的后果来充实这个话题。接下来，告诉学生当他或她认为自己已经成为网上欺凌者的目标时该怎么做 [网络欺凌研究中心（*Cyberbullying Resarch Center*），n.d.]。

无论你的学生年龄多大，都要教育他们成为优秀的数字公民并尊重他人，即使他们在网上是匿名的。提醒学生，衡量一个人品格的真实标准就是在没有人注意的时候他们做了什么，让他们保护自己的账户的同时也保护他人的账户，如果你的学生已经准备好做出正确的选择，那么当他们付诸行动时，就可能会做出正确的选择。

如果你还没有完全掌握你所在地区可接受的互联网使用规范，请查阅并做出相应的反馈。如果你想更深入地了解数字安全和权利，请阅读迈克·里布尔（Mike Ribble）撰写的"学校中的数字权利"（Digital Citizenship in School）（ISTE，2015）。

成功引入学校

在谈到将计算机科学融入课堂时，老师们经常提到两种障碍：时间限制和预算限制，这两个问题可以通过选择合适的课程来解决。

即使没有专门针对计算机科学的完整课程，也可以将它引入多个学科。事实上，计算机科学将计算看作一种工具，并且该工具可以服务于任何学科。Scratch为低龄儿童提供了可以将计算机科学引入音乐课程的工具（Heines et al.，2012），CS Fundamentals 允许你在艺术中使用计算机科学（小学计算机科学基础 Computer Science Fundamentals for Elementary School，2015），Tynker 将计算机科学融入数学课程（编程＝更好的数学技能＋有趣，2014）。

对于初中及以上的学习者，整个课程致力于跨学科计算，包括"Bootstrap"（数学）和"Project GUTS"（科学），我们会在第 16 章中讨论。

更重要的是，当学生能够理解基于文本的编程语言时，他们新世界的大门随着计算机科学整合的机遇而开启。想象一下，通过在电子表格中添加公式，为地图添加交互性，以及根据数据创建图形，学生们会有兴趣深入地研究这些项目。

对于前面列出的大多数项目，学校的花费是很少的，提及的许多课程都是免费的，有些供应商甚至为教育工作者提供免费的专业进修机会，能正常运转的设备是下一个考虑因素，但这些成本问题可通过如下方式得以缓解：结对编程（只需要一半的机器）能更灵活地、按需地使用学校中的设备（学校拆除计算机实验室并为课堂提供更多计算机），或采用自带设备（Bring Your Own Device，BYOD）的政策。

如果无法购买能够运行最新浏览器的硬件，"不插电"计算机科学课程是最佳的选择。许多课程，如写在卡片上的条件句（Conditionals with Cards）* 或 For 循环（For Loop Fun）* 等很多内容仅使用纸、扑克牌还有"和/或"骰子就足够了。

软件补丁：一种软件，旨在更新或修复计算机程序。

如果你很幸运，已经拥有全面开展计算机科学课程所需的时间和硬件，你可能还会担心编码时要安装复杂的编程环境和许多软件补丁。但其实你不必有这样的顾虑，现在许多优秀的入门级编程环境都是基于浏览器的，可以在线运行，可以让你的学生通过一些优质网站接受入门级的计算机科学教育。

编程环境：用于创建和编写代码的软件工作区。

消除焦虑

实际上，我们发现要为学生提供扎实的计算机科学入门课，其最大障碍是教师的焦虑情绪。

作为一名勇敢的教师，你不要担心，因为你能教的最重要的事情就是如何学习计算机科学，和你的学生一同学习。计算机科学变化很快，学生在高一学习过的编程语言可能在他们毕业时就过时了。即便是最博学的计算机科学教授可能也没有足够的知识来回答小学生天马行空的问题。基于这一点，你可以轻松地对学生说："让我们一起找出答案吧！"

让"每个人都是老师，每个人都是学生"这句话成为你的座右铭。学生能在教别人时巩固自己的学习（Brooks & Brooks，1993），所以请让他们通过向你和其他同学展示他们所发现的东西来完成课程。这是一个很好的机会，可以让学生将他们学到的知识——以及他们是如何学习的——用语言表达出来。在实践中思考不仅可以帮助他们完成当天的任务，还可以揭示学习新事物的过程，这项技能可以迁移到学生今后遇到的每一个学习挑战中。

如果你喜欢讲授知识并在很多方面控制学生的学习，请允许自己放手——让一组学生围绕一个主题自行展开学习。我们承诺，这一体验对参与的每个人都具有启发性和丰富性。

"不要害怕完美——因为你永远达不到它。"

——萨尔瓦多·达利（Salvador Dali），艺术家

5 计算机科学教学的行为准则

我们刚刚用了一章来研究并解决问题，使你了解一些在课堂上教授计算机科学的细节。接下来，我们将列出一些教学行为准则。

不要期望成为专家

就计算机科学教育的现状而言，很难找到真正的专家级教师，尤其是在 K-8 阶段。只有少数的专家级教师存在，而其他大部分人被善意的组织"绑架"，来尽力帮助他们弄清楚如何培养更多的计算机科学教育专家！在迈出你的第一步之前，不要专注于学习计算机科学的所有内容，而是与学生一起开始学习，帮助他们去探索。在你建模问题的过程中展示"有声思考"策略，并尝试多种方法以展现出灵活性。不要指出学生出错的地方，而要问他们"发生了什么"，再接着问如下问题：

- 你想达到什么目的？

- 你尝试了什么？

- 为什么你认为这不起作用？

- 你能从中得出什么结论？

- 你接下来可以做什么？

鼓励探索

探索是一个强大的学习过程，它绝不仅是猜测和验证那么简单。当学生们开始考察自己作品的反响和结果时，他们会开始更好地理解整个环境，而不仅只解释基本情况。探索允许他们在大脑中绘制出一张地图，展示他们能做到的程度和解决手头问题的方法。当学生通过实践工作形成自己的问题时，学习将变得更有意义（Friesen & Scott，2013）。

支持分享

这个建议有两个含义：首先，让学生独自工作不符合现实世界中计算机科学的工作方式。任何专业人士都不能指望自己独自提出解决方案，如果程序员编程时拒绝使用互联网上的资源，而是从零开始创建代码，他们可能会因效率低下而被解雇。计算机科学是协作和探索性的，有很多方法可以解决给定的问题。当学生能够弄明白其他人如何处理问题，然后退后一步，分析其解决方案为什么有效以及如何开展工作，再看看是否可以将其部分解决方案合并到自己的项目中时，这样的学习是最有效的。找到解决方案并不总是靠绞尽脑汁、凭空想象，更多的时候，要学会向同伴学习，也要学会向同伴或他人解释自己的解决方案。

其次，我们应该培养学生对其独特贡献的自豪感。与数学或拼写这样有统一标准答案的情况不同，计算机科学允许多种多样且有创意的过程和结果。允许学生分享他们的项目，通过社交媒体与你或班级分享，或是与家人或朋友分享都可以，学生应该多展示他们的工作成果。

给予孩子们走动交流的时间

课堂管理通常始于孩子需要安静坐着的想法。这种"坐下并安静下来"的想法可以避免教师失去理智，但不利于学生相互合作以及产生高涨的学习热情。在计算机科学课程中，特别是在结对编程时，学生应该不断进行交流。他们越快乐、越激动，就会变得越富有生气。对学生偶尔需要帮助的情况，我们建议使用"先试三次，再试三次，最后找老师"的策略。使用这种混合式帮助方法，学生必须先尝试三次，之后才能向邻近的小组寻求帮助。该小组必须与求助的学生一起尝试三次，如果仍然失败，最后再向老师寻求帮助。

这样做有几个好处：首先，它鼓励学生坚持不懈，学生将训练自己从困难中突围并解决问题，而不要在帮助到达之前停下来；其次，它让学生有机会带着目的在房间里走动（去帮助其他同学）；再次，学生们参与彼此的工作，向对方学习并受到对方启发；最后，减少了教室的混乱，将有更少的孩子会举手需要你帮助——因为当等待你帮助的时候，他会感觉到无聊或认为自己不该向你

自我效能感：一个人对自己学习、完成任务和达到目标的自信程度。

请求帮助。一位勇敢的老师甚至可以再向前走一步，使用 GoNoodle *（gonoodle. com）这样的网站帮孩子度过课间休息。GoNoodle 是一个具有平静、活力和放松

活动的互动网站，它既可以帮助学生更加集中精力，也可以让他们放松一下。你甚至可以允许学生在他们开始烦躁时在房间里安静地走动，看看其他人在做些什么。这不仅可以延长他们的休息时间，还可以帮助他们自行解决问题，或者让他们有机会帮助其他同学解决问题。

要有创意

计算机科学项目几乎在任何课程中都有发挥作用的空间。无论你是想要为语言艺术课程加入一些互动活动的小学老师 *，还是想要将历史地图融入现实生活的中学老师 *，通常只需要一个课时就可以让你的学生完全理解所学内容，大步向前，不要误认为你需要教授一整学期的课程或什么也不教。当然，编程体验越多越好，但即使是一点点的编程体验，也能帮助学生在以后的生活中做出明智的选择。

不要让学习变得无趣

你可能犯这样的错误。我们不得不一再提醒教育工作者，计算机科学教育对学生的自我效能感可能弊大于利。让学生们认为自己不适合进一步探索计算机科学非常简单，如果你表明你对计算机科学不感兴趣，那么你的学生也将如此。把对于学习的热爱放在首位，学会让这种热爱贯穿于整个课程，和学生们一起创建项目。为你的发现尖叫，为他们的发现欢呼。忘记你脑海中浮现的那种沉闷观念，避免像一个古板的老教授一样，在发霉的教室里滔滔不绝地吐出多音节词汇，而是用你的新形象替换它，你与学生们一起徜徉在计算机科学的世界里，共同开发积极、实用的应用程序。你的学生想做什么？为帮助他们，你需要哪些资源？你的结课评价是否必须是一个分数，或者可以是一个有助于跟踪当地回收工厂位置的网站作品？你的学生创建一个每位家庭成员都能下载到手机上的应用程序，是不是比一张成绩单更有意义？记住计算机科学是关于灵感、学习和创造力的，然后才能有根据的开始教学！

将计算机科学与生活联系起来

什么对你更重要？是你的宠物，还是《公民凯恩》里那个写着"玫瑰花蕾"的雪橇板？这似乎是一个奇怪的问题，但至少它是一个令人难忘的问题！当然，对你来说你自己的宠物比一些经典电影中的虚构制品更重要。为什么？因为它与

事件驱动：一种程序模型，允许用户通过鼠标单击、按键和其他操作与程序进行交互并更改程序执行路径。

你和你的日常生活息息相关。你对你的宠物有影响，你的宠物对你也有影响。你的目标是为你的学生提供更多的"宠物"，而不是"雪橇"。给他们与其生活相关的挑战，鼓励他们去创造影响他们的家庭、社区和城市的产品，远离那些假想的项目，如模拟"某个人可能已经做过、在一般情况下可能有用的事情"。

不要期待千篇一律的结果

编程是诗歌，它非常个性化，表现出学生的风格。并非每个学生都会争取写出最高效的代码，并非每个学生都会在短时间内解决问题。有些人会徘徊和漫步，他们根据当时头脑中想到的内容编写出程序，他们创造的代码犹如一部散文文学作品；而另外一些人会策划、计划和制订策略，确保程序恰好满足实际需要。不要担心所有学生无法保持同步，也不要认为学生使用不同的方法完成同一份作业是失败的，欣赏项目间的差异，因为它们会告诉你负责最终产品的每个人的特别之处。

通过合理安排促进学生成功

通常，项目越有创意，评分标准越宽松。有些学生认为自己完成了作业并能得到高分，但是遗漏了老师认为很重要的东西，这可能是让学生感到困惑和沮丧的一个重要原因。为了缩小期望和执行之间的差距，一些辅助是很有帮助的。请务必设置明确的时间表，并在此过程中提供一系列参考点。如果你对一些大的任务（比如在 Scratch 中完成事件驱动的游戏）有时间要求，请分解出多个更小的时间节点，以便学生可以判断他们的进度是否合理。在 Scratch 的示例中，包括初始头脑风暴大纲的时间，对显示名称和整体主题的"标题页"进行屏幕截图的时间，以及项目的提交时间。为学生提供精心设计的评分指南或评价规则也很有用，通过提供明确的内容要求和每部分的分值或权重比例，学生就可以在上交项目之前预测自己的项目得分情况，这对提高计算机科学课程的公平性很有帮助。评价规则同样可以帮助学生（通过分值比例）了解哪部分是最重要，这样如果他们遇到了困难或者时间不足时，他们就可以跳过不重要的部分。很多时候，学生不应被一个小困难挡住步伐，而是应先完成会的内容，再返回来攻克这个困难，评分指南将会减少被小困难挡住这种情况。

把计算机科学视作一门艺术

特别是在小学，试着将计算机科学视为艺术课而不是数学课。计算机科学是如此富有创造性和表现力，但是如果教师将它视为正式的、令人恐惧的科目，快乐就会消失。请记住，就像在艺术课上一样，学生需要学习技巧和技术来实现在大脑中形成的项目。此外，要像艺术课一样，计算机科学课程中最有意义的项目也是让学生表达自己的个性。鼓励学生像制作电影一样建立自己的项目，想出一些激发他们灵感的东西，编写脚本，开始制作，然后编辑，确保最终的成果是个人的大片！

放手一试

当计算机科学作为一种工具被引入，以帮助简化工作或使世界变得更美好时，它有机会产生巨大的初次影响。在将计算机科学作为选修课开课之前，不要焦虑得学习所有的细节。只需先试一试，看看情况如何，随着你的一次次成功，你可以添加更多内容。

当你了解了这些注意事项之后，就已经准备好深入了解下一章——计算思维——这种思维引领着数字产品和服务的发展。思考一下：

"计算机处理问题快速、准确，但是愚蠢；人类处理问题非常缓慢、不准确，但是聪明。两者的结合将有不可估量的力量"。

—— 里奥·彻恩（Leo Cherne）

你是否开始想象你和你的学生能利用计算机科学实现什么了吗？

第3部分

制　作

计算机软件和其他数字产品的开发需要巨大的投入，使用的工具包括计算思维、编程以及创客空间中的设备。正如电影场景中完美的镜头需要多次拍摄，完善培养计算思维和空间推理的技术也需要多次尝试，而第3部分的章节就为计算思维的深入学习铺平了道路。

6 促进计算思维的活动

以计算的方式思考

随着日益增长的对计算机科学的热情，人们对发展学生计算思维的兴趣也越来越大。在这里，我们将深入探讨第 1 章中提到的计算思维的主要要素。你可能在想，"计算思维是另一种与众不同的能力吗？我是否应该为此培养一些专门而神秘的技能？"请不要担心并给予足够的耐心，在深入探讨计算思维应用的本质之前，让我们先分解、简化这些概念以便更全面地理解它们。

> 简而言之，计算思维是一套技能，这些技能以计算机帮助解决问题的方式，帮助你构造问题。

你是否注意到了"问题解决"的巨大价值？它作为性格特质和技能体现在所有的科学、技术、工程和数学（STEM）教育标准中，也体现在国际教育技术学会（ISTE）的教育技术标准中，还体现在计算机科学教师协会（CSTA）的标准中。但事实上，"问题发现"和"问题提出"也是很大的智力挑战，计算思维尝试进入这个领域——理清要注意什么以及如何构造问题，以便问题得以逐步解决。计算思维的确可以引发某种计算行为，但正如你即将看到的，它是一种超出计算机科学领域，支持探究、提出和解决问题的思维方式。

在教育方面，关键在于要找出有效锻炼学生计算思维技能的方法，使计算思维可以应用于生活的各个方面。计算思维几乎可以毫不费力地融入任何主题，想尝试读一个非常复杂的单词吗？可以使用分解的方法。还记得如何计算 9 乘 9 吗？将 9 与更小的数字相乘，从中寻找一种模式。

如果我们作为教育者能按名称逐一开展思维实践，那么学生们就会开始理解它们是非常有用的。通过练习，学生可以达到这样的程度，即他们可以找出计算思维的哪些元素可以帮助他们解决哪些具体问题，并在教师还没有教授的情况下开始学习。

在奇奇的每一门课程中，无论学生的年龄如何，都会有一堂她不"教"的课。这并不是因为她不想教，而是她想激发学生对自我主导式学习和对真正探究的热爱。多年前，奇奇同时开展多门课，在一个特别的学期，她开发了一节"不插电"课程——"It's Electric"，随后她决定在其他"不插电"活动之后、在线编程学习之前，和二年级的一个小组一起试一下这堂课。"It's Electric"的基本前提是学生可以通过形成问题和实验来自学，直到他们找到答案。在这节中，教师从一开始就要让学生们知道教师是不"教"的，奇奇通常是这样开始这节课的：

我知道你们今天都期待着制作自己的轻型雕塑。这会非常有趣！你会发现需要你自己完成所有的事情。我可以告诉你的是，你可以将电池供电的蜡烛拆开，然后使用其他工具和材料将它变成新的东西，仅此而已，我不会提供任何其他帮助。

现在开始，也许你会遇到困难或者有暂时解决不了的问题，你会说："奇奇女士，奇奇女士，我做不下去了，我需要帮助！"我只想说："多么令人兴奋，这意味着你已经准备好学习一些新东西了！"你可能会问："你能帮助我吗？"我会说："不能。"

你甚至会乞求"请你帮帮忙好吗？我不知道我在做什么！"我会说："其他人也不知道！没有人要求你知道一些你尚未学过的东西！继续尝试吧。"

你可能会觉得我很粗鲁、很吝啬，但我不在乎这些。我们今天这样做的目的是为了帮助你看到你可以在不被"教"的情况下学习一些东西！

虽然这不算是一个实验，但发生了一件令人吃惊的事：开始编程后，参加过本课程的学生没有因为一些小困难而放弃，这些学生会自己尝试更多的东西，并且会比没有上过类似课程的学生坚持更长的时间。

从那以后，奇奇在其所教授的、所有年级的每门课中都融入了计算思维和探究。计算思维的融入给予学生力量和自信，他们从开始的"我不明白"变成了"我只需要弄清楚为什么猫会向上移动，而不是结束"。

深入研究计算思维

在已有的计算思维的资源中，你会发现计算思维有许多定义、类别和子技能。根据目标，我们将主要讨论四个公认的计算思维的核心要素。表 6-1 提供了每个核心要素的定义和非技术示例，以后的章节提供了更详尽的描述，如活动和课程教案，以便你与学生一起学习。

表 6-1　计算思维核心要素概览

	分解	模式匹配	抽象	自动化
快速定义	把事物分解成更小的部分	发现片段之间的相似性	归纳概括不同的事物	生成一个算法来帮助得到结果
子类别	数据分析	数据可视化	数据建模、模式泛化	算法设计、并行、模拟
非技术示例	想记住电话号码吗？把它分成三部分。现在这个数字看起来并不可怕了	当开关 1 次、3 次或 5 次时，灯会亮；当开关 2 次、4 次或 6 次时，灯会灭。那么按 8 次开关后，灯会处于什么状态	1 辆卡车有 4 个轮子；2 辆卡车有 8 个轮子；3 辆卡车有 12 个轮子。X 辆卡车有（X 乘以 4）个轮子	洗碗机使洗碗的工作自动化。无论是盘子、碗还是锅，你都可以把它弄脏然后清理干净

你可能仍然难以把握该什么时候使用这些核心概念，这没关系，可以继续练习。在接下来的章节中，通过一些有针对性的活动，你将有机会了解到每个计算思维核心要素的实际应用。

7 分　　解

道家的老子曾说"千里之行，积于跬步"，这个道理同样适用于计算机科学。

如果你想不使用分解立即完成整个任务，任何挑战都是令人畏惧的。当一个大项目迫在眉睫时，我们都会有做不下去的感觉，那如果一步一步地做，会不会更容易呢？想象一下，此时你要为一部太空电影制作所有的服装，如果你把整个过程想象为长达六个月的噩梦，则可能会让人感到非常畏惧。但是，如果你一次只做一件服装或者只关注正在进行的每个部件——首先是头盔，接下来是衣服，然后是徽章和眼罩，那么你最终的流程会更简单、更易于管理，错误也更少！

分解是解决复杂问题的法宝。简而言之，分解是将问题分解为更小、更易于管理的部分。分解问题的过程就在帮助解决问题，即使没能完全解决，一系列小步骤看上去也要比整个大问题更加容易解决。

通常情况下，你最好先确定第一步工作，但是当第一步工作不清晰时，试着弄清楚在完成之前你还需要完成哪些步骤，直到得出解决方案的其余部分，最后再回过头来确定第一步。无论采用哪种方式，解决一些小的子问题都可以教会你很多解决整个大问题所需的相关技术。

下面以数学等式为例，乘法就是分解和重组的一个例子。如果不使用计算器，（436×12）有点难计算，用分解的方法会容易很多，因此我们使用长乘法（Long Multiplication）将其分解为（436×2）+（436×10），即 872+4360，等于 5232。

$$
\begin{array}{r}
436 \\
\times\ 2 \\
\hline
872 \\
+\quad 4360 \\
\hline
5232
\end{array}
$$

实际上，在数学中使用括号就是一个分解的例子，因为括号可将大问题分解成更小的部分。

如果你以后不会用到计算思维的其他要素（虽然这看起来不太可能），那就要尽早且经常地练习分解。一旦你学会分解，就会发现很多困扰其他人的问题对你来说似乎是一件普通的事情。

"当我们打算吃掉一头大象时，要一口一口地来。"

—— 克雷顿·艾布拉姆斯（Creighton Abrams），美国陆军将军

在本章中，你将看到包含更多与分解有关的资源，然后是名为"将其分解！"的课程案例，它更详尽地介绍分解的含义和效用，帮助你将"分解"这个概念教给你的学生。

关于"分解"概念的学习资源

下面介绍课程资源和完整教案，该课举例说明了"分解"的概念和价值。

来自赤脚（Barefoot）项目的"Tut，Clap，Jive"（5 岁及以上，约 30 分钟）
"这是一个不插电活动，小学生们制作拍手、手指舞或摇摆舞的动作序列，他们把完整的动作序列分成多个部分，即分解。当学生制作动画或游戏等计算机程序时，可以将上述思想与问题的分解联系起来。"
http://barefootcas.org.uk/sample-resources/decomposition/ks12-introduction- decomposition-unplugged-activity

教案：将其分解

本课教案可从 resources.corwin.com/ ComputationalThinking 下载。

原创课程

计算思维焦点：分解	
跨学科联系：数学	
年龄范围：8~14 岁	
时间：30 分钟	games.thinkingmyself.com
扫描二维码或点击链接（http://games.thinkingmyself.com）以查看此课学习所需在线游戏。	

概述

在本课中，学生通过将大问题分解为更小、更易于管理的子问题来了解分解的价值。学生们将收到一些谜题学习资源套件，它包括一堵砖墙的图片和一套可用于建造该墙砖块的纸板。学生必须将谜题分解到最小子问题，这时就可以先解决一块"砖"的问题，之后将发现的信息反向应用到已分解出的更高层子问题中，直到谜题得以解决。

词汇

分解：将大问题分解成小问题的过程。分解可以帮助你更轻松地找到解决方案。

课程目标	材料和资源
学生将能够：	● 纸张
● 将大问题分解为更小的问题	● 铅笔
● 根据图片创建数学方程式	● 白板或投影仪
● 计算构建"墙"所需的"砖块"数	● 砖墙图片
● 用自己的话描述分解是如何让难题变得容易解决的	

准备工作

1）　阅读课程，并确定如何使其最适合于你的学生。

2）　访问 http://games.thinkingmyself.com 并浏览"分解"这一部分，以了解概念背后的思想。

3）　如果学生要分组工作（3 年级及以上），请为每组打印足够的砖墙图片。如果整个班级一起合作，你可以将砖墙图片切割成单张纸大小，以便与投影一起使用。

4）　考虑将盒子（如纸巾盒、麦片盒、火柴盒或 DVD 盒）作为学生将要模仿制作的实物示例。

活动过程

第 1 步，简介。

在课前花一点时间制作一个简单的三层金字塔，如图 7-1 所示，用来吸引学生的注意。在金字塔完成后，告诉学生你有一个难题：

"我想用纸盖住盒子的每一面。虽然我可以买到足够大尺寸的纸来盖住盒子的每一面，但是很贵，而我不想浪费任何纸张。那么，我需要多少张不同尺寸的纸才能盖住所有盒子的所有面呢？"

用图解方式说明覆盖一个盒子所需纸张尺寸（在标有刻度的纸板上绘制或切割）。

年纪小的学生可能会开始胡乱猜测，而年龄较大的学生可能会开始做一些数学心算。请你向愿意回答的学生询问答案。

如果你的学生给出了正确答案，请询问他或她的解决步骤。（他或她可能会将其分解为"我们有 n 个盒子，其中每个盒子有 2 个 X 面，2 个 Y 面，2 个 Z 面"。）

如果你的班级中没有人给出正确的答案，可以提示他们将金字塔每一层作为 1 组（3 个盒子为一组，2 个盒子为一组，1 个盒子为一组）。

"这会有帮助吗？"

到这一步，年纪大的学生肯定会得到答案，而年龄较小的学生可能需要通过实践才能弄明白：先得出 1 个盒子的答案来得到第一层的答案，然后乘以 2 得到第二层的答案，再乘以 3 得到第三层的答案，最后将这些数字加在一起就是最终答案。

我们刚刚做的就是"分解"！分解就是将某些东西分解成更小的部分，通过使用分解，我们可以将问题逐层分解为最简单的小问题，并快速解决。接下来，沿着我们的分解过程逐步反向解决（建构）问题，直到得到最终答案！

第 2 步，试解谜题。

学生现在应该很兴奋地尝试谜题。在让他们自由探究之前，你要先给他们看一两个例子，以确保学生明白他们应该一步一步地分解问题，而不是直接从整个"墙"跳到单个"砖块"（见图 7-1）。当他们学会重组时，将更容易获得最终答案。

低年级学生可以使用计数符号来标记面，然后计算出最终答案。三年级或更高年级的学生应该能够使用数量关系来处理（见图 7-2~ 图 7-4）。

分解：将其分割开来

分解

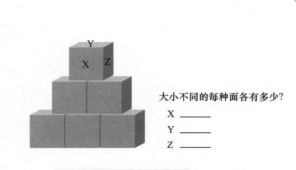

大小不同的每种面各有多少？

X ＿＿＿＿＿

Y ＿＿＿＿＿

Z ＿＿＿＿＿

图 7-1　高年级学生演示

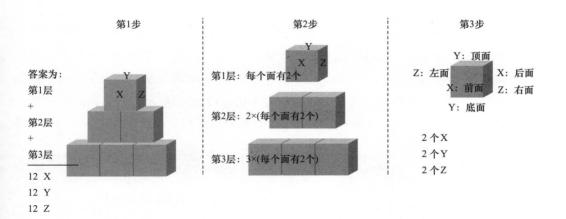

图 7-2　谜题分解

务必告诉学生他们需要直接写在学习单上还是写在其他纸上。

学生在完成学习单上的示例后，让他们互相提出其他谜题。

第3步，分享。

让学生在各自的小组中聊聊他们解决的谜题，哪个最难以及为什么。学生们也可以找找生活中有哪些问题也是被分解成更小的部分，从而更容易解决的？

第4步，一起讨论。

让同学们一起聊一聊如下内容：

● 这些问题看一眼就能解决吗？还是将它们分解后更容易解决呢？

● 是否可以将整面"墙"直接与一块"砖"建立关系，然后只进行一次数学计算。

● 在解决一块"砖"的问题之前，将谜题分解成许多子问题是最容易的方法吗？怎样能更容易地解决谜题？

● 生活中有没有其他问题，你可以使用分解来使其解决得更容易呢？

小结

在现实世界中，计算机科学方面的专家一直在用分解。客户经常要求他们建立非常庞大和复杂的程序，而要了解如何实现大项目，这些专业人员需要把它分解成很多小的元素，这样他们就可以知道如何着手编写代码。通常在编写应用程序时，工程师会将代码块分解成小块（称为过程），以尽可能保持所有代码都简洁。

本课教案可从 resources.corwin.com/ ComputationalThinking 下载。

示例

大小不同的每种面各有多少?

X ＿＿＿＿
Y ＿＿＿＿
Z ＿＿＿＿

谜题1

大小不同的每种面各有多少?

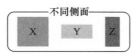

X ＿＿＿＿
Y ＿＿＿＿
Z ＿＿＿＿

谜题2

大小不同的每种面各有多少?

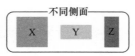

X ＿＿＿＿
Y ＿＿＿＿
Z ＿＿＿＿

图 7-3　分解谜题

（版权所有 ©2017 Corwin）

本课程计划可从 resources.corwin.com/ ComputationalThinking 下载。

谜题3

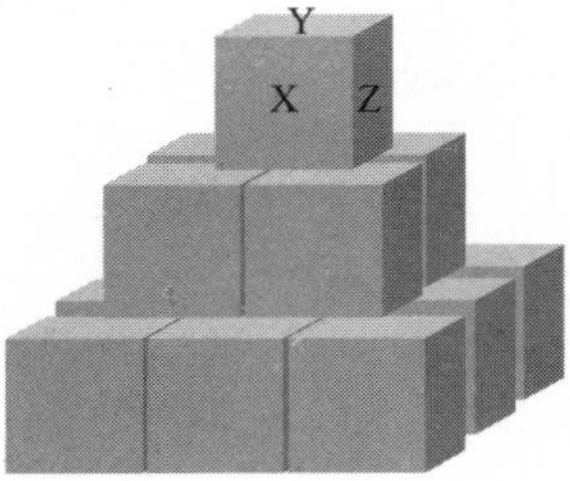

大小不同的每种面各有多少？

不同侧面

| X | Y | Z |

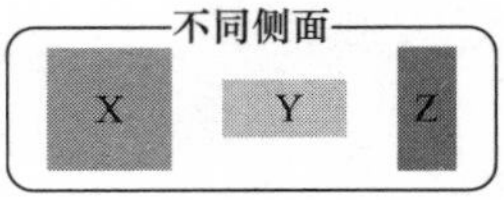

X _____
Y _____
Z _____

谜题4

大小不同的每种面各有多少？

不同侧面

| X | Y | Z |

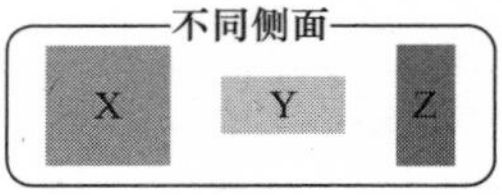

X _____
Y _____
Z _____

谜题5

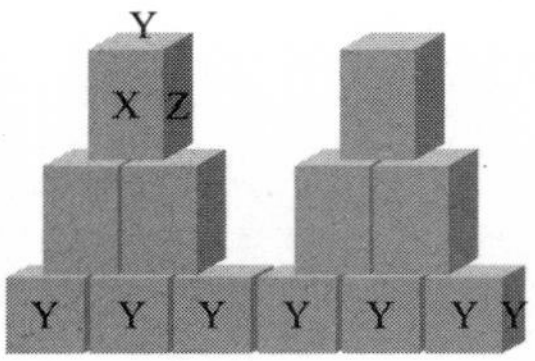

大小不同的每种面各有多少？

不同侧面

| X | Y | Z |

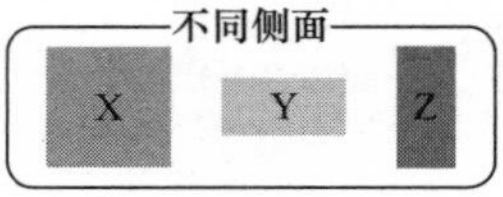

X _____
Y _____
Z _____

图 7-4　更难的分解谜题

（版权所有 ©2017 Corwin）

8 模式识别（含模式匹配）

初看，模式识别（含模式匹配）可能非常浅显易懂，因为它是在三年级结束时应掌握的技能。事实上，基本模式经常出现在我们身边：包装纸的重复设计、简单的数字序列、警车的鸣笛声……但是，一旦模式变得稍微复杂一点儿，我们就很难马上认出它们了，这使得复杂问题的简单解决方案隐藏在显而易见的地方。

模式识别作为计算思维的一部分，是以获取额外信息的方式发现项目之间相似性的实践；而模式匹配更多的是将某些东西与已经知道的模式相匹配。你会经常听到这两个术语，因为在计算思维中它们经常互换使用。

图 8-1 展示了三种基本模式。你用多长时间才能猜出这三种模式是什么？又需要多长时间才能想出每个序列的下一个项目是什么？（答案在本章最后面）

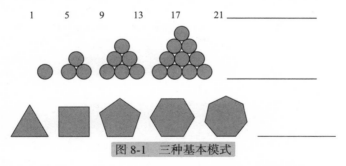

图 8-1 三种基本模式

图 8-2 展示了另外三种模式。尽管这些序列看上去根本就不是序列，但依赖于从美国公立学校毕业的成年人所应该具有的简单数学或生活直觉，你应该能解答出来，那么你需要多长时间想出每个序列的下一项？（答案在本章最后面）

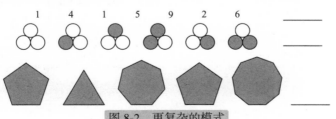

图 8-2 更复杂的模式

显然，我们将这些序列理解为模式，将会降低其复杂性。如果你想继续探究，可以去本章的最后寻找第二组谜题（以及它们背后的逻辑）的答案。

有一个在自然界中常见的、非常有趣的数学模式，称为斐波那契数列（Fibonacci series）。它的当前数等于前面两个数的和，即 $n = (n-1 + n-2)$，斐波纳契数列构建了一个美丽的螺旋，松果的尖齿、蜗牛壳的生长甚至树上叶子的生长都基于这一规律，如图 8-3 所示。

n	1	2	3	4	5	6	7	8
Fib(n)	1	1	2	3	5	8	13	21

斐波纳契数列为：1，1，2，3，5，8，13，21，.....。

模式匹配可以用于解决类似的谜题，你可以通过练习来加强这项技能，从而提高自己看待问题、发现已知模式以及获得直观解决方案的能力。模式识别也出现在日常行为中，如知道如何翻开一本新书，如何从使用某品牌的电话毫无障碍地转向使用另一品牌的电话。

与前一章一样，本章也提供了探索活动和课程教案。

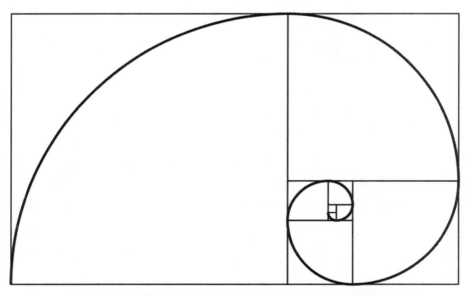

图 8-3　在斐波那契螺旋中，边长等于两个正方形的边的和，并逐渐变小

（资料来源：Fibonacci，Liber Abaci，1202）

关于模式识别概念的学习资源

切块逻辑谜题 —— 伦敦玛丽女王大学（11 岁及以上，约 45 分钟）

"学习如何解决逻辑谜题，并弄清楚为什么逻辑思维是计算思维的核心。了解一般化和模式匹配是计算机科学领域专家的隐秘技能，也是国际象棋选手、消防员等其他领域专家的隐秘技能。"

https://teachinglondoncomputing.files.wordpress.com/2015/11/booklet- cutblocklogicpuzzles.pdf

密码侦探—国家安全局（9 岁及以上，约 45 分钟）

"该单元让四至六年级的学生完成几项涉及破译密码的数据分析活动。学生将在阅读文章时分析字母的频率（模式识别），并将其发现应用于几种换位密码和替换密码的破解中"。

https://www.nsa.gov/academia/_files/collected_learning/elementary/data_analysis/ cipher_sleuths.pdf

教案：非凡的模式

本课程计划可从 resources.corwin.com/ ComputationalThinking 下载。

原创课程

CT 焦点： 模式识别

跨学科联系： 科学

年龄范围： 8~16 岁

时长： 30 分钟

概述

本课将深入研究在自然界中发现的模式，并要求学生根据所发现的模式确定哪些生物是彼此相关的，如有些生物来自相同的种群，有些生物具有相同的机能。通过本课的学习，你的学生将搞清楚模式的含义。

词汇

模式匹配：查找在多个位置重复出现的主题。

课程目标	材料和资源

学生将能够：

● 比较生物，发现它们之间的相似性

● 基于相似性推断生物信息

● 基于模式，解释为什么他们相信两个生物是相关的

材料和资源：

● 纸

● 铅笔

● 白板或投影仪

● 待匹配的"非凡生物"图片

准备工作

1）阅读本课并确定怎么做才能使其更适合你的课堂。

2）观看视频，并准备在课堂上播放。

3）收集"非凡生物"的图片，要求这些生物包含一些共同点，如收集到三四个满足以下三四个特征的生物图片：

① 视频中提到的动物，它们的细长瞳孔清晰可见。

② 有尖牙的食肉动物。

③ 带翅膀的动物。

④ 有种子的食物（水果）。

⑤ 绿色蔬菜。

⑥ 发光的鱼（深海鱼）。

4）如果学生将分组进行活动（3年级及以上），请为每组打印足够的"非凡生物"图片。如果整个班级一起活动，你可以将每个生物切割成单独的卡片，以便与投影一起使用。

5）确定是否在"非凡生物"图片中加入"额外信息"（如"食肉动物"），这种方法我们推荐给年龄小的学生。另一种方法是在提供信息的房间周围设置信息表，然后根据你选择的模式提供确定模式的特征线索。

活动过程

第1步，简介。

为你的班级同学播放准备好的视频，然后询问：

● 视频中的动物有哪些共同特征？（细长眼）

● 在视频中我们发现这些动物都有哪些共同行为？（它们都在夜间狩猎，并且将身体紧贴地面。）

● 如果我们发现另一种匹配该模式的动物（细长眼），我们能够得出什么结论？（它在夜间狩猎并且将身体紧贴地面）

我们周围处处都有模式，这些模式通常会告诉我们一些信息。有时，我们确认某件事与其他已知事物属于同一模式，而得到它的额外信息。

第2步，模式尝试。

让学生将图片适当地分组，然后寻找非凡生物中的模式。给他们挑战，看看在10分钟内能完成多少次分组。要求学生记录下发现的模式及他们认为的含义，以便他们在分享时不会忘记思考的过程。

请记住：即使你以某种特定的方式开始这些生物的分组练习，但千万不要低估团队发现有效的新模式的能力！事实上，他们可能会提出你计划之外的东西，但这并不意味着他们错了！

第3步，分享。

10分钟后，询问学生们共发现了多少种模式，谁认为自己找到了别人没有找到的模式，让每个组至少分享两种模式及其相关信息。

第4步，共同讨论。

以聊天结束本次课：

● 你找到的最有趣的模式是什么？

● 你是否发现了没有任何含义的模式？

● 在你发现的模式中，最大的一组是哪个？它对你有什么启示？

● 你是否能想到一些你希望加入进来的图片，以便分享你对模式含义的理解？

步骤 5，在现实世界中。

计算机科学家每天都在使用模式匹配！为了使计算机程序尽可能强大，程序员会在他们遇到的问题中寻找模式，并试图根据其他类似问题的解决方案来解决它们。

一些计算机科学家可称之为数据科学家，他们整天在信息中寻找模式，以便发现产品和理念的趋势及失败之处。

模式匹配是问题解决的关键部分。当你遇到一个看似非常困难的问题时，通常可以把它分解成小块并寻找模式来解决它，这些模式还能为你解决更庞大的问题提供解决方案！

图 8-1 的答案（基本模式）

1）在最后一个数上加 4：25。

2）给金字塔添加另一层：5 层。

3）为多边形添加一条边：8 边形。

图 8-2 的答案（复杂模式）

4）圆周率小数部分的下一位数字：5。

5）下一个二进制表示法（顺时针移动）：填充顶部和右侧圆圈（  ）。

6）图形位置序号为 n（1，2，…），奇数位图形边数为 $n+4$，偶数位图形边数为 $n+1$：7 边形。

---

9 抽 象

当解决难题时，模式识别或模式匹配，可以与"抽象"相结合以期获得更好的效果。有时，最明显的模式只暗示了序列中的下一个项（如前一章的斐波那契数列），但进一步分析可以得到一个一直有效的解决方案。

抽象是指忽略某些细节以便为更普遍的问题提出解决方案的实践。这可能是一个难以理解的想法，但事实上，它只是通过忽略细节让过程变得更容易理解的一种方式。举例来说，在现实世界中你可以把抽象应用到床相关的任务中去。你不需要确切地知道你将用什么图案的床单从而来告诉某人该如何正确地制作床。你甚至不需要知道上面的毯子的颜色或者将有多少枕头。你可以有意地做出指导，抽出这些细节，让床制造商在需要时填写详细信息即可。

抽象示例：

下面你将看到三朵花，分别有五片花瓣、七片花瓣和九片花瓣。我们大多数人会忽略花瓣的数量，统称它们为"花朵"。

但是，我们可以在"花"的描述中添加一个参数，便于以后获取花瓣数量这一细节。如花（5）是有五个花瓣的花，花（7）是有七个花瓣的花。

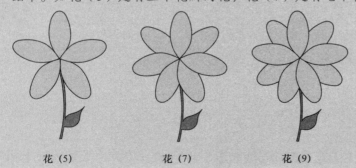

花（5）　　　　花（7）　　　　花（9）

参数：传递给抽象函数的额外信息，允许创建更具体的东西。

在问题解决的技巧中，抽象比较常见（抽象指出了显而易见的规律）。让我们以模式匹配部分的最后一个谜题为例（见图 9-1）。

图 9-1　以可视化的方式表示边的参数

对于形状序列中的任意给定项，抽象的方法令可能是"它是带阴影的正多边形，与其他多边形有相同的半径，具有一定数量的边。"

简单但重要，是吗？我们有了良好的开端。

更有帮助的信息是确切地知道该序列中每个多边形的边数。现在，我们正在寻找一个数，这就是我们使用模式匹配的地方（见图 9-2）。

$$5 \quad 3 \quad 7 \quad 5 \quad 9 \quad \underline{\qquad}$$

图 9-2　以数字表示边的参数

如图 9-2 所示，为让抽象方法起作用，我们只需要弄清楚每个多边形的边数。

变量：表示数字的字母符号，其值可更改。

如果将这些数字看作是一个序列，我们可以把它们和它们在列表中的位置进行对比。我们使用变量 n 来表示每个数的索引，索引即数字在序列中的特定位置（序列中的第一个数字索引是 $n=1$，第二个是 $n=2$，依此类推），为了形成模式，我们将创建一个表（见表 9-1）。

表 9-1　数值索引表

n	数值	注释
1	5	$n+4$
2	3	$n+1$
3	7	$n+4$
4	5	$n+1$
5	9	$n+4$

不用花费太大的力气，我们就能看出一种模式：当 n 为奇数时，多边形有（$n+4$）条边；当 n 为偶数时，它只有（$n+1$）条边。现在我们知道了模式，就可以将给定的索引传递到抽象算法，从而解决该序列中任意多边形的问题。你开始明白抽象的作用了吗？

关于抽象概念的学习资源

下面是一些示例课，接着是一节讲述抽象的课，名为"如此抽象"。

Code.org 开发的抽象（年龄 7~12 岁，约 45 分钟）

"我们将把学生的日常生活和 Mad Libs 风格的思维游戏结合起来，帮助你的学生了解抽象的有效性。"

https://studio.code.org/s/20-hour/stage/14/puzzle/1

ISTE 和 CSTA 开发的植物（年龄 5~10 岁，约 45 分钟）

"通过强调在其他科目中使用的计算思维概念，将抽象引入到学生的日常生活中。在这一课中，学生们将阅读一篇关于一个孩子致力于花园种植的故事。在总结这个故事时，学生们将学习如何将细节抽象出来，这将使他们的阅读变得更容易。"

https://csta.acm.org/Curriculum/sub/CurrFiles/472.11CTTeacherResources_2ed-SP-vF.pdf#page-18

伦敦大学玛丽女王学院的红黑心魔（年龄 8 岁及以上，约 30 分钟）

"魔术好像通过思想的力量来控制人的行为。在没有人看到牌的情况下，人们随意挑选一张牌，而你总是可以正确地预测是红牌还是黑牌。然后，你使用抽象和逻辑思维来阐释为什么你的预测总是有效的（这是自动工作的一个算法）。你创建了牌的数学模型，然后用代数来证明一个特性总是成立的 —— 这个特性和你预测的一样。"

https://teachinglondoncomputing.files.wordpress.com/2015/01/activity-redblackmindmeld.pdf

教案：如此抽象

本课程计划可从 resources.corwin.com/ComputationalThinking 下载。

原创课程

计算思维焦点：抽象	
跨学科联系：英语语言艺术	
年龄范围：9~14 岁	
时间：约 30 分钟（给高年级的学生多留一些时间）	

概述

在这项活动中，学生将扮演报社记者的角色，他们被派去为客户做特殊的工作。为了完成新闻稿，学生需要使用抽象来确保新闻稿简洁，并将字数控制在编辑规定的范围内。

词汇

抽象：去掉问题中的一些细节（永远或只是一会儿）。

课程目标	材料和资源
学生将能够：	● 纸
● 与同学交流，收集新闻稿的重要信息	● 铅笔
● 确定信息在写作中是否重要	● 白板或投影仪
● 通过删除新闻稿中某些信息来展示抽象概念	● 样本新闻稿
● 创建一篇符合编辑要求的新闻稿	

准备工作

1) 阅读本节课，并确定哪种模式最适合你的课堂。

① 低年级小学生 —— 学生们互相采访，形成短篇故事（8~12 个单词）并进行口头陈述。

② 中年级小学生 —— 学生写一篇包含三个抽象的短新闻，然后与同学分享。完成的短新闻应该在 30~40 个单词之间。

③ 高年级小学生或初中生 —— 学生写两篇长新闻，需要使用相同的模板但要分别展示两个不同人物的真实表现。每篇新闻应该有 50~60 个单词。

2) 为学生分配受访者。可以让学生自由选择他们的采访对象，但是提前分配（两人或三人一组）可以减少混乱。

活动过程

第 1 步，简介。

首先让学生明白他们的身份已经转变为《计算思维日报》的流动记者。为每个学生布置一项作业，并在适当的截止日期（截止日期可能是活动开始后的 30 分钟或几天后，这取决于你想要的成品质量）前交到编辑的办公桌上。

作为主编，你将成为记者们的新老板，为了提高效率会制订一些规则，以便尽可能高效地运营这个报社。从现在开始，记者们在写人物特征时，必须使用相同的模板和满足每日报纸分配的字数。

告诉学生你把模板弄丢了，然后向他们展示两篇已完成的新闻稿，看看他们能否帮助你创建一个新模板。

在创建新模板的副本时，与同学们分享你需要他们使用抽象的方法发现可能被忽略的细节。

在你的课上，对比符合班级学生年龄的两篇新闻稿，让学生们把抽象出来的内容用下划线标出来，将下划线上的文字去掉变成空白区域，完成采访后，再填入自己想填写的细节。

让学生们想出他们要向受访者（单独或整个班级）提出哪些问题，问一些写作中不需要的问题是否有意义？答案肯定是没意义，明确哪些问题与新闻稿相关，哪些问题应该忽略，是另一种方式的抽象！

第 2 步，开始写作。

让学生们进行采访的时间到了！允许学生通过自己提出的问题来了解其受访者的更多信息。鼓励年龄较大的学生做笔记，以便记住。

一段时间后（你需要根据自己班级具体情况来判断），让学生们结束采访，回到座位上开始写作。如果你教的是低年级的小学生，你应该让他们在结束采访后原地不动，并立即站起来分享。

在投影仪上展示空白的模板，方便学生进行新闻稿创作。给他们适当的时间写作，这期间要提醒他们去掉细节，以确保新闻稿在规定的字数内。

第 3 步，分享。

学生完成新闻稿后，鼓励他们与受访者分享。让学生有机会站起来，把新闻稿读给全班同学听，并一定要给予掌声鼓励。

第 4 步，一起讨论。

询问学生们有关抽象的经验：

1） 在撰写新闻稿时，是否有时难以确定需要抽象出的内容？

2） 是否有某种抽象方法可以使这项任务变得更容易？

3） 你能想出其他可以抽象出信息的方法吗（就像我们制作模板那样）？

> 在作业纸的"姓名"处留下空间

> 在黑板的"星期"处留下空间

> 为所有变化的内容留下空间

4） 你能想出我们抽出信息，其好处只是为了简化的其他应用吗？

> 家庭地址：你不需要填写"美国"⊖或"地球"。

> 年龄：你不需要告诉别人你的岁数是多少天或多少小时。

> 你昨晚做了什么：不需要将把衣服放在洗衣房里、咀嚼食物或者去洗手间这些事情都描述出来。

步骤 5，在现实世界中。

在计算机科学中，抽象以不同的方式使用。

程序员很少考虑抽象出细节。通常，他们会很自然地找到适用于一个问题的解决方案，并且认识到改变几个元素就可以解决其他问题，找出这些元素的过程是抽象的一种形式。是的，他们暂时忽略了这些细节，但是他们明白，为了得到答案，这些细节需要反映到解决方案中。这类似于我们留下空白来保存受访者的姓名和眼睛的颜色。

而数据科学家们使用抽象的方式略有不同。通常，当他们创建诸如一群鹅迁徙的计算机模型时，他们确定某些细节在创建视觉预测时是不必要的。例如，他们可能觉得可以用实心蓝点表示一群鸟，而不需要用嘴巴和拍打翅膀的精确图像。从技术上讲，这也是抽象，但这次科学家不打算再使用这些细节。这类似于我们

⊖ 因为作者是美国人。——译者注

将一些与主题模板不符的信息从中删掉。

简单示例

1） 低年级小学生

"这是迈克。他有棕色的眼睛。"

"这是胡安娜。她有一对蓝眼睛。"

2） 中年级小学生

"这篇报道是关于坦尼亚的。她出生于二月，喜欢小狗。她最喜欢的食物是比萨，她喜欢早餐吃它。坦尼亚最喜欢的科目是数学。"

"这篇报道是关于瑞安的。他出生于十二月，喜欢雪。他最喜欢的食物是带有芝士的西兰花，他喜欢每餐都吃它。瑞安最喜欢的科目是艺术。"

3） 高年级小学生和初中生

"本周，我采访了宝拉，了解了她的生活和她收集的钟表。宝拉说钟表很有意思，因为它们非常漂亮，在过去它们非常重要。宝拉是她家里唯一的孩子。她喜欢上学，她最喜欢的科目是阅读。"

"本周，我采访了 JD，了解了他的生活和他收藏的书籍。JD 说书籍很有趣，因为它们让他感觉自己处在一个完全不同的世界。JD 是他家中的第三个孩子。他喜欢饼干，他最喜欢的科目是课间休息。"

10　自　动　化

　　目前为止，其实你已经看到了一些自动化的实例，只是还没有意识到它们叫这个名字。算法出现的地方往往伴随着某种程度的自动化。当你使用自动化时，你正通过自动的方式控制一个过程，并将人为干预减少到最低限度。一般来说，我们认为自动化就是由机器来执行工作，但它同样可以很容易地简化我们的工作。

　　所有的数学函数都是某种形式的自动化。它们使解决方案可以由原始问题解决者以外的某个人（或某些事物）执行，也可以将解决方案放入表单从而为多个任务服务。在"模式识别"的多边形问题中，自动化包括了我们用于描述序列中第 n 个形状的最终算法。

　　"它是一个带阴影的正多边形，半径与其他多边形相同，当 n 为奇数时有（$n+4$）条边，当 n 为偶数时有（$n+1$）条边。"

　　为了进一步实现自动化，我们可以设计一个计算机程序，当输入 n 的值后，为我们返回多边形。更高级的自动化仍然是一个程序，它简单地输出所有多边形及其对应的 n 个索引，根本不需要人工干预。

　　显然，自动化是一把双刃剑。我们并不希望机器完成所有的工作和思考，但是许多探索又只有在自动化的帮助下才可能实现。例如，目前最大的素数是 1700 万位，如果让它除以一个一位数，这将需要一名科学家手工计算二十八周以上！现在想象一下，如果对每个可能的素数因子（有数万亿个）都这样做，那么有的人可能一生都在做长除法（long division）。

　　这也有适合学生们做的自动化的实践应用。如，他们用公式直接且快速地填写电子表格的单元格，而不是通过烦琐的手工计算来填写。群发派对邀请的邮件或创建音乐播放列表都是学生们利用自动化的例子。

　　你使用过流程图吗？

流程图（也称为决策树）是用来表示自动化决策过程的一种方式（见图 10-1）。它们既可以用来可视化机器使用算法时可能采取的步骤，也可以使决策的结果更易理解。

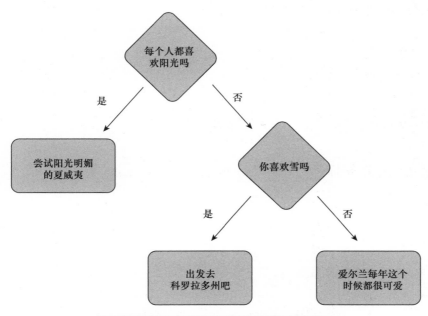

图 10-1 确定电影外景拍摄地位置的流程图

关于自动化概念的学习资源

本课程可以适当调整，但最适合的人群是初中和高中。之后会详细介绍一个教案。

伦敦大学皇后玛丽学院的分而治之（11 岁及以上，约 45 分钟）

"在本课中，学生将使用'分而治之'的策略来解开'失窃水晶'的奥秘，使用分解法将问题分解为更小的问题，并用算法设计（自动化）来规划解决策略。"

https://docs.google.com/document/d/1DMDuomVc5gZ_ NSaC3afERx40uESWweydMICqetin3to/edit

谷歌教育的表面积计算（12~16 岁，约 45 分钟）

"学生结合表面积公式的知识，使用程序来自动计算以下几何体的表面积：立方体、长方体、圆柱体、球体。

让学生分析并完成需要填写的部分，使用程序检查他们的练习结果。这个程序可以用来帮助你进一步理解如何在课堂上使用 Python，也可以作为一个演示用来与你的学生讨论；或通过邀请你的学生扩展现有程序的功能来介绍各种计算思维的概念，如模式识别或抽象的方式。"

https://docs.google.com/ document/d/1pDf7DHtGvmFkrPxg0EmY0HAMoQsCoLaYsu9ZQWmba7g/edit

不插电的排序算法（12~16 岁，约 45 分钟）

"几乎所有从计算机中输出的列表都按某种顺序排列，而且在计算机内部还有更多用户看不到的排序列表。目前已经有了许多巧妙的算法，可以实现有效的按值排列。在这个活动中，学生将通过排序重物比较不同的排序算法。"

http://csunplugged.org/sorting-algorithms

教案：算法和自动化 —— 赞美生成器

本教案可从 resources.corwin.com/ComputationalThinking 下载。

原创课程

CT 焦点：自动化
跨学科联系：英语与语言艺术
年龄范围：10~16 岁
时间：45 分钟

概述

在本活动中，学生将通过创建一个"赞美生成器"来学习算法与自动化之间的关系。学生将掌握如何将句子分成三个片段（开头、中间和结尾），以及如何将这些片断混合和匹配成新句子。当弄清楚原理之后，学生将为他们的生成器编写算法，以实现程序自动化。

词汇

算法：执行任务时可以遵循的步骤列表。

自动化：让机器（如计算机）为我们工作，这样我们就不必自己动手了。

伪代码：看起来像是计算机程序的指令，但它们更容易阅读，并且不必遵循任何特定编程语言的规则。

课程目标

学生将能够：

- 将句子适当地分成片断并随机化

- 随机取出片断组装句子

- 编写一个算法，解释"学生机器"（让学生充当机器）是如何自动构建句子的。

材料和资源

- 纸

- 铅笔

- 白板或投影仪

- 纸杯（每组三个）

准备工作

阅读本课，并观看准备好的视频，以便更好地理解"算法"和"自动化"。

活动过程

第 1 步，简介。

先围绕算法进行一些准备，因为算法和自动化密切相关（两个词都以字母 a 开头），二者很容易混淆。

首先聊聊算法。

1） 之前有没有人听说过算法？

➢ 它是什么？

➢ 你认为它可能是什么？

2） 算法就是一个按特定步骤完成任务的指令列表，它就像一个食谱或修改电子游戏配置的分步教程。

➢ 你还能想到哪些可能的算法？

现在，为学生每天都要做的事情想出一个算法，比如准备上学或打扫厨房。

让你的学生提出尽可能多的算法，直到你觉得他们理解了什么是算法为止。你还可以借此机会让学生与同桌共同创建一个算法并与班级其他同学分享。算法将为自动化做准备。

3) 之前有没有人听过自动化这个词?

> 自动化对你意味着什么?

> 自动化就是自动地做某事吗?

> 自动化就是让机器完成我们的工作吗?

4) 本质上,自动化是让一台机器或工具为我们工作,这样我们就不必自己动手做了。

你每天会用到哪些使事情自动化的工具?

> 计算器。

> 汽车。

> 打印机。

5) 你认为,它自动化了什么?

第 2 步,编程和运行。

一旦完成了前面的思维练习,你就可以准备让学生思考把某个任务设定为自动化。将他们分成小组去准备自动化某个任务。一名学生将充当"机器",其他人成为编程团队的成员。(如果你给低年级学生上课,很可能由你自己充当机器,让整个班级的学生来编程。)

现在,活动时间到了!与你班级的同学分享一些与下面句子结构相同的赞美句:

"你是一个美丽的人。"

"他是一个善良的人。"

"她是一个强有力的榜样。"

你可以将这些一五一十地告诉你的学生,但请务必把它们写在黑板上或屏幕上,以便以后对它们进行切割。

6) 这些赞美的句子在结构上有什么共同之处?

7) 如果我们把它们混合起来会怎么样?

> "你是一个善良的榜样。"

> "他是一个坚强的人。"

> "她是一个美丽的人。"

8) 在哪里打破这些句子才能使它们与其他句子进行随意混合？

> "你是"

> "他是"

> "她是"

> "一个善良的"

> "一个强壮的"

> "一个美丽的"

> "榜样"

> "人"

> "人类"

9) 主语（或者代词）应该放哪里？

10) 谓语（或者动词）应该放哪里？

11) 副词和形容词又应该放哪儿呢？

12) 你看到其他模式了吗？

13) 我们可以添加一些其他的词来替代吗？

> "那是"

> "这可能是"

> "一个温柔的"

> "完美的"

> ➢ "同学"

> ➢ "艺术品"

14） 让我们随机选取一些，看看我们得到了什么！

> ➢ "那是完美的人类。"

> ➢ "她是一个温柔的同学。"

既然你的学生已经了解了活动过程，那么现在是时候让他们分组探究这是如何运作的了。请让他们按照这些活动步骤做：

1） 创建符合上述模板的 6~10 个句子。

2） 为了便于混合，在合适位置将每个句子切成三个片段。

3） 在一个杯子上标记"开始"，并将所有句子的开始部分放在这个杯子里，用同样的方法处理"中间"和"结尾"。

4） 使用伪代码书写"赞美生成器"（CGM）的算法。

① CGM 需要遵循哪些步骤才能在每次运行时生成新的赞美语句？

② 你需要明确哪些细节来确保程序没有任何错误？

③ 在生成"赞美"语句后，不要忘记对文件进行处理。

5） 根据上述算法来编写 CGM。

6） 运行 CGM 以查看是否得到所要的结果。

7） 如果出现问题（错误），请修改算法，然后再次编程并运行 CGM。

第 3 步，分享。

当学生完成他们的生成器时，让每个小组在班级里运行各自的生成器。每个 CGM 运行结果都一样吗？

第 4 步，一起讨论。

把学生聚在一起交流经验。

① 自动化该任务最难的部分是什么？

② 你是否有机会查找算法中的问题并修改它，以实现更好的自动化？

③ 你能想到哪些可以为之创建算法的任务？

④ 你认为算法和自动化之间的关系是什么？

第 5 步，在现实世界中。

毫无疑问，算法是自动化中最重要的部分，而自动化又是开发计算机程序唯一的也是最大的动力。如果我们不需要自动化，计算机科学家也就没有必要存在了。

四千多年前，数学家们已经尝试使用算盘来自动化复杂的计算。从那时起，计算器（以及计算机）变得越来越智能化。现在，它们能够自动完成很多手工无法完成的任务，如找到超出想象的大素数，或者对人类基因组进行排序等。

每个计算机自动化的背后都有一个计算机程序，而每个计算机程序背后都有一个算法。

计算思维的总结

自动化是有益处的，但如果没有计算思维的其他元素辅助，也是难以达到的。分解、模式识别、抽象和自动化一起使用是打破未知之墙的有力工具。你现在可以立即在课堂上使用这些技能：让你的学生挑战将大问题分解成小问题，让他们看看那些小问题与他们已解决问题的相似之处；看看他们是否能把知道的东西写下来，同时抽出那些难以理解的细节；无论他们会不会提出一个自动化的算法，他们最终都会找到一种应对挑战的方法，否则这些挑战可能会使他们陷入困境和挫折。

更进一步

你现在比大多数教育工作者更了解计算思维。我们希望你能在所教授的学科和年级中对比计算思维和日常学习活动。

请准备进入思维的另一方面 —— 空间推理，它可能是 STEM 和计算机科学成功的关键。我们将思考空间推理如何成为学习环境的本质特征，在后面，我们还会探讨"创客制作"—— 如何将孩子的想象力和技能带到大屏幕上！

11　促进空间推理的活动

麻省理工学院（MIT）计算机科学家、数学家和教育家西蒙·派珀特（我们在第2章中介绍过他），他两岁之前就对齿轮着迷，玩齿轮是他最喜欢的休闲活动。几年后，小西蒙第一个项目 Erector Set 是一个简单的齿轮系统。正如他在 *Mindstorms: Children, Computers, and Powerful Ideas* 的序言中所指出的："我变得更加善于动脑和建立因果关系。我在差速齿轮这样的系统中找到了特别的乐趣，它不遵循简单的线性因果"（派珀特，1980）。他对齿轮以及差速齿轮分配运动方式的思考，影响了他自认为在小学时期最重要的数学的发展。"齿轮，作为模型，把许多其他抽象的想法带入我的脑海。我清楚地记得学校数学中的两个例子：我把乘法表看作齿轮，我第一次遇到有两个变量的方程（例如，$3x+4y=10$）时立刻想起了差分，我建立了 x 和 y 之间关系的心理齿轮模型，并计算出每个齿轮需要多少齿后，方程式已经变成了一个让人愉快的朋友"。

派珀特与许多在科学、技术、工程和数学（STEM）领域处于领先地位的人齐名。多项研究表明，他这样的思想家具有强大的空间推理能力（Wai, Lubinski & Benbow, 2009）。正如在派珀特的故事中所说的，空间推理能力有助于生成视觉图像，并通过将抽象概念与心理模型相关联来理解它们。我们很快就会深入地研究空间推理，因为这种能力是 STEM 以及计算机科学（CS）的重要组成部分。之后，我们将会讨论能够促进空间推理能力的日常（和非 CS）活动。

然而，在我们讲完派珀特的故事之前，还是要考虑一下"迷恋因素"。派珀特喜欢齿轮，在玩齿轮甚至仅想起齿轮时，他都感到高兴。如果没有迸发出那种痴迷的火花，他的想象力是否还会被释放出来？如果没有对齿轮产生浓厚的兴趣，他是否能继续花费精力去弄清楚齿轮作为一个系统如何运行？他是否会坚持足够长的时间，直到能够自动将其他现象，如乘法运算中的数字关系，与齿轮的运作方式联系起来？是对齿轮的纯粹热爱使他思考了很久。当你支持学生构建新的意义时，要关注并激发独特的"迷恋因素"，是它点燃了学生们心中的

> **空间推理**：生成、保留、检索和转换结构良好的可视图像的能力。

智慧火花。

空间能力是 STEM 学习成功的必要条件

什么是空间推理？通常，空间推理是生成、保留、检索和转换结构良好的视觉图像的能力（Wai et al., 2009）。

为形成这种能力，空间推理围绕二维和三维（2D 和 3D）的可视化形式，在心理空间中旋转它们，想象横截面和内部尺寸。就像派珀特的齿轮故事一样，还涉及一个动态方面，即能够预测物体如何移动以及如何以不同的形式机械地相互作用。

空间推理与抽象和复杂概念的思考能力相关。事实上，大脑里有一个极小的、被称为顶内沟的区域，既可以处理儿童对数字的视觉表征，也可以处理成人的高阶数学推理（N.Newcombe&L.Jones，个人交流，2015 年 12 月 4 日）。

完成图 11-1 中的任务来理解空间推理能力（Wai et al., 2009），一个选项对应一个图形，你做对了吗？你的学生呢？（正确答案可以在本章末尾找到。）

事实证明，空间推理是 STEM 中问题提出和解决的必要条件（Wai et al., 2009）。无论是建筑的空间本质、视频游戏的开发、DNA 建模，还是工程中作用在结构上的力，甚至外科手术——从解释 X 射线或 MRI 到实际操作，各行各业都要求能在二维与三维之间相互切换并能够可视化和旋转的能力。即使是在电影制作领域中，也需要导演能够在一个虚拟的环境中思考表演。

毫不奇怪，空间能力已被证明是艺术和 STEM 职业的预示器（Wai et al., 2009）。对于那些没有空间感的人来说，尝试新事物的信心对空间思维的发展有很大帮助。有了对空间能力重要性的认识，教师可以向学生传达：构建事物、绘制草图或使用图形表示信息是多么的有用和令人愉快。

因为计算绝大多数独立于具体世界运转，所以空间思维能力对于将想法表示为代码、创建图形表示和建模概念是必要的。举个简单的例子：编写代码的初学者可能会用 Python 编程语言创建简单的游戏，比如滑雪游戏；而程序员构建游戏时，必须理解滑雪者向下移动、屏幕向下流动以及树木的移动。另一个熟悉的例子是在超级马里奥等游戏中屏幕的变化，程序员必须能够可视化游戏的层级，并在开发代码时设置障碍物的位置。

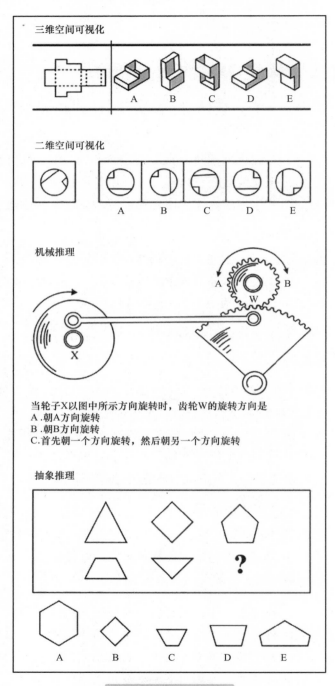

图 11-1　空间推理练习

（资料来源：Wai，J.，Lubinski，D. 和 Benbow，C.（2009））

让我们回顾和思考一下，空间技能是如何通过生活体验、游戏和正式学习来发展的。想想你自己 —— 一个成年人，在如下日常活动中是如何利用空间推理的：

- 依据安装图把（宜家的）床组装起来。

- 尽可能把物品打包，装在一个箱子里以便运输。

- 在一个大而陌生的环境中确定方向，例如医院。

- 滑向曲棍球溜向的位置，而不是保持不动。

- 解密地图或蓝图。

- 依据钩针织物或编织图案进行编织。

- 在 Minecraft 中设计一个 3D 世界。

- 理解《指环王》中虚幻场景的布局。

你觉得这些活动怎么样？你是将这些活动交给其他人去做，还是有信心自己处理好空间任务呢？答案可能取决于你的童年经历。

在我们大约三个月大的时候，视觉系统就发育成熟并开始处理空间信息了。如果你看过儿童的玩具箱就会知道，小孩子玩这样的玩具时，空间技能和手眼协调能力都会得到发展：

- 用于捶打不同形状的工作台和锤子。

- 嵌套盒和堆叠环。

- 带齿轮的玩具。

- 厚实的拼图游戏。

没有明确的原因来解释这一现象，但在空间能力测试中，男孩整体上优于女孩。我们不知道这是否与社会化、以游戏为中心的文化期望（Fromberg & Bergen，2006）或者一些固有的性别差异有关。毫无疑问的是，拥有丰富玩乐生活的孩子比那些很少玩要的孩子更擅长解决空间问题。

在准备 STEM 课程时，了解这种差异很重要。在引入需要抽象才能学习的 STEM 科目时，具有较强空间能力的儿童更容易学好。在学校学习中，学生们第一次要克服的难点可能就是从算术到代数的转变（"*Foundations for Success*"，2008）：算术是对具体数字的计算，代数则是关于所有数字和整数的一般真理。在最一般的形式下，代数是研究数学符号和操纵这些符号的规则，它是几乎所有高等数学的主线。而数学是科学的语言，因为它具有符号性、抽象性，所以当数学从具体变为抽象时，我们中许多人都认为自己不适合搞数学。如果学生说他们不想学数学，我们就同意了，这很可惜，因为我们帮他们关上了 STEM 学术和职业选择的大门，而这些选择应该尽可能地保持开放。

你现在应该想知道，"如果空间推理对 STEM 很重要，我该如何确保学生的空间能力得到发展呢？"好消息是许多学校活动都有助于发展空间能力。稍加强调，你可以扩展和加强它们。

"空间化"你的教学

你可以通过轻微的干预帮助学生发展他们的空间技能。通过采纳诺拉·纽康姆（Nora Newcombe）的建议并"空间化"你的教学，让学生更愿意学习数学和计算机科学中的抽象（*Newcombe*，2010）。为促进探索和交流，下面是帮助学生发展空间想象力的一些想法。

丰富课堂　实际动手操作的学习区域（我们在此处给其取名为"站"）在小学教室中是必不可少的，并且在高年级教室中也该有类似的地方。在你的学习站中可以提供各种活动，如七巧板、拼图和拆解分站；K'NEX、Erector 套件和其他建构分站；以及战舰、Jenga 积木、俄罗斯方块和愤怒的小鸟等练习空间和敏锐度的游戏。另一个利用和发展空间能力的游戏是国际象棋。想象一下，棋盘上的每一步，都是一种想象的技艺。

也要注意到其他丰富课程的机会如在海洋项目中加一个捆扎站，或者加一个缝纫站，另外折纸站将非常适合几何学。

培养视觉素养　教导学生理解多种类型的图表、图形、信息图和其他视觉表征。通过直接指导提高视觉素养，你第一次接触元素周期表时可能伴随着老师的解释；反复练习也很重要，你可能需要对周期表进行反复研究，才能欣赏其中呈现的巧妙结构和信息的深度。

建模空间推理　有声思考并使用与形状、位置、方向、大小和比例相关的词汇。当然也要借助你的双手，手势被证明有助于对空间的理解和沟通（Ehrlichr et al.，2006）。

草图　许多突破都来源于"餐巾纸背面"绘制的草图，实践表明，把想法写在纸上将成为学生们的第二天性。教授并鼓励学生素描，教他们使用图表、故事板和流程图来表示系统性和因果关系。不要让学生因缺乏艺术技能而感到困惑，让他们认识到："我们不是在这里画画，只是在绘制草图，把想法写在纸上，这样我们就可以讨论它们了。"

小结

你开始看到"空间化"教学的启示了吗？接下来，考虑一下通过风靡学校的创客运动的空间实践和思维活动来培养学生能力的可能性。

空间谜题（见图 11-1）的答案：A，A，C，D。

12　用代码创造

在过去的几年里，创客已经成为学校的流行语，它代表了实践和激情，致力于提供真实的、学生驱动的、实践性的学习体验。在某种程度上，创客制作是车库文化的一个分支，包括自己动手的发明、制造和修理，涉及木工和电子产品等，但这里创客制作至少在以下两个方面有了更大进步：首先，它是共享的。人们不再独自在车库里劳作，而是在一个共享的空间，或者说是在一个创客空间里，分享工具、想法和技能。（为什么车床每年才使用一次？如果有地方能遇到那些熟练操作车床的人，在哪里比这种地方能更好地学会操作车床呢？）；其次，创客制作把我们从 20 世纪的"大众机械"时代带入到数字时代。创客空间也是进行物理计算的地方，即包括机器人、电子纺织品、3D 打印以及涉及编程的其他项目。

创客运动： 人们聚集在可以发明和制作独特产品的共享工作空间中的潮流。

关注"动手，思考"学习新机会的教师已经看到社区创客空间的发展，并且正在与学生一起加入创客运动。他们认识到创客空间对培养学生的创造性思维、空间推理、运动技能和编程技巧来说是一个多么完美的环境。创客教育，我们来了！

现在是创客制作的大好时机。随着低成本且开源的可编程微处理器、廉价的电子部件和新的制造工具的出现，创客制作也成了学习编码的一种好方法。

创客制作并不总是涉及计算机，我们更希望将重点放在与编程有关的体验上。以下是学生用代码创作的一些发明：

1）音乐水果。三年级创客制作了一架可用的钢琴，将 MaKey MaKey* 和带有微控制器的印制电路板连接起来，用鳄鱼夹夹住白萝卜（白键）和胡萝卜（黑键）。

2）愿灯光与你同在。六年级学生使用 Python 语言对 Raspberry Pi（一种低成本、信用卡大小的计算机）进行编程，将节日灯光模式与《星球大战》的主题同步起来。

3）3D 打印的层积蜡烛。中学生使用 Tinkercad * 设计乐高形状的、3D 打印的蜡烛模具。（实际上是他们堆起来的！）

4）泡沫农场。初中生和小学生一起工作，用泡沫板制作有关节的农场动物，然后用可编程的 Hummingbird Robotics* 使这些动物能够移动。

5）Mopbot。高中学生接受挑战，解决幼儿园教师提出的如何解决水溅到教室地板上的问题。他们发明了 Mopbot，一种用 Lego Mindstorms* 制造的运动感应机器人拖把，并将其装在一个带有 3D 打印手柄的、可爱的、激光切割的乌龟内。

令人兴奋，是吗？如果你开始想象你的学生用代码进行发明，那么你和学生就成了好朋友。在最近几届国际教育技术学会（ISTE）的会议（美国最大的教育技术集会）上，与会者参加了拥挤得只能站着的制汇节。然而，无法控制的创作热情既让人充满希望又令人担忧。学校中的创客工具具有改变游戏规则的潜力，成为学生创造性、个性化及动手学习能力发展的工具，但目前学生在学校（更不用说在校外）可能得不到这种机会。创客制作也可能成为"本周风味"，当最初的热情消退，这种昂贵的投资会在葡萄藤上枯萎。我们如何既能履行承诺，又能减轻与在学校制作相关的危险？幸运的是，一些深思熟虑的做法正在兴起。

首先，创客制作和材料无关，甚至和空间无关。创客制作最重要的是文化和设计思维。如果你很想创作，请做家庭作业。和你的学校同事一起，共同阅读西尔维亚·马丁内斯（Sylvia Martinez）和加里·斯塔格（Gary Stager）的《学习发明：课堂制作、捣鼓和工程》（*Making，Tinkering，and Engineering in the Classroom*）（2013）。阅读《MakerEd 圣经》（*MakerEd bible*），了解建构主义哲学和创客背后的教学法。学习设计思维，并从发明故事中获得灵感。一旦你的团队达成共识，你就可以决定在学校中融入有意义的制作。如果你继续沿着创客之路前进，请拿起免费的数字指导书《创客空间制作手册》（*Makerspace Playbook*）（2013），这是一本包含了清单、安全提示和示例项目的指南。

STEAM 学习中的创造

在你计划创造时，我们希望你考虑以下两种互补的方法：1）创客制作作为解决学校科学、技术、工程、艺术和数学（STEAM）课程的一种方法；2）创客制作作为学生自由创造的机会几乎没有限制。通过深思熟虑，你可以同时拥有这两种方法。

当制作处于 STEAM 情境下时，它将这些科目融入生活。当有了大量的材料和工具供学生任意使用，你将更倾向于以学生为中心，基于探究的方法设计课程。

值得注意的是：每周进行一次动手学习活动的学生比同龄人数学成绩高出 70%，科学成绩高出 40%（Wenglinsky，2000）。

在教育家 Jackie Gerstein 的创客手册中，集成项目"从木偶到机器人"（*From Puppets to Robots*）在不同程度上体现了 STEAM 和其他重要的学习品质（Gerstein，2013）。随着"从木偶到机器人"等样板项目的发布，学生可以更好地学习设计思维和制作技能，为以后更"自由"的创造做好准备。

教育者应成为学习可能性的向导。

向学习者展示可能性，然后给他们让路。

—— **杰基·格斯坦**.（Jackie Gerstein），老师和博主

"从木偶到机器人"首先让学生探索木偶史、制作皮影木偶和活动木偶，然后让学生研究人体运动以及如何将运动融入木偶设计中。在其后续的课程中，学生将他们学到的知识应用于搭建旨在对人类产生积极影响的机器人。学生们身临其境地体验 STEAM：

1）探索运动生物力学；进行与支点和负重有关的力和运动的实验（科学）。

2）在线模拟研究机器人技术；学习 AutoCAD 设计和编程，从而将机器人手臂应用于生活（技术）。

3）建立原型并搭建一个能够拾取物体的 3D 自立式机器人手臂（工程）。

4）创建皮影木偶；使用基于网络的设计软件绘制 2D 机器人图案，再转换为 3D；将一场影子木偶戏的情节制成故事板；写脚本并练习表演（艺术）。

5）测量角度、大小和形状，绘制、切割并构建原型（数学）。

完成上述体验的过程中，学生们将能够：

1）体验设计思维并实践解决复杂问题的新策略。

2）学习使用工具和基本建造技术。

3）学习"自由"使用创客空间所需的安全做法。

4）为提升外观质量迭代工作。

5）有效地利用口头和书面表达想法。

6）团队工作实践和项目管理。

有些人担心创造变得过于以教师为导向（因为已有很多饼干切割（Cookiecutter）项目），但是，此类项目的美妙之处在于它是一种建构起来的开放式体验。引导学生完成设计思维过程、学习使用制作工具，为他们的发明创造能力和创意表达提供了很多空间。

基于设计思维的设计

设计思维是一种解决问题的方法，与我们在本书中所提倡的计算推理密切相关。想象一下，你的学生要设计一个计算机程序或手机应用程序，或以发明而非涉猎的心态进入创客空间，立志改变世界。通过对设计思维的探索，他们将具备改变世界的能力。

设计思维是通过同理心和观察来解决问题。它让你能认识到世界如何才能变得更好，并帮助你采取行动寻求解决方案。设计不一定是一系列的步骤，但它是一个迭代过程，把你的想法转变为实物。自创客进入学校以来，在设计思维领域涌现了大量的教育资源。在本书中无法详细地介绍它们，但我们可以帮助你入门。我们非常喜欢的一种设计方法来自斯坦福大学哈索·普拉特纳设计学院（d.school）的 K-12 实验室（见图 12-1）。这种方法可以让学生以迭代的方式思考、观察、感受、提问、踌躇、原型设计、试验、测试和修改他们的发明。每一阶段都要想到人（或物品，或环境）的因素，因为这些可能受到问题和解决方案的影响。

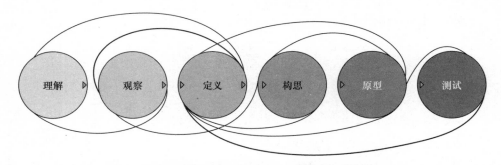

图 12-1　斯坦福大学 d.school K-12 实验室的设计流程

（资料来源：斯坦福大学 d.school K-12 实验室维基）

（https://dschool.stanford.edu/groups/k12/wiki/aedde/The_Design_Thinking_Process.html）

下面对每个阶段进行详细的说明。请记住，这些过程适合编码、制作和任何其他类型的创造性思维。

理解。理解是设计思维过程的第一阶段。在这个阶段，学生沉浸在学习中。他们与专家交谈并进行研究，目标是通过这些经验培养同理心和背景知识。他们将发展中的理解作为跳板，以应对设计上的挑战。

观察。在设计思维过程的观察阶段，学生成为敏锐的观察者。他们观察人们的行为和互动方式，并观察物理空间和场所。他们与人们谈论正在做的事情，提问题，并反思所看到的。设计思维的理解和观察有助于培养学生的同理心。

定义。这一阶段的重点是了解人们的需求和发展洞察力。"我们该 如何……"通常用于定义某个观点，这是对用户需要富有洞察力的表述。这种表述的结尾是关于如何改变才能对用户体验产生影响的建议。

构思。构思是设计思维的重要阶段。学生们将提出各种各样的想法，并做出判断。没有想法是牵强的，没有想法被拒绝。构思就是创造力和乐趣的真谛。在构思阶段，鼓励学生多多提出想法，可能会要求他们在一次创想活动中产生一百个想法。学生们变成了执着、精明、冒险、痴心妄想的思想家和梦想家。

原型。原型设计是设计过程中粗略和快速构建产品样貌的阶段。原型可以是草图、模型或纸板，这是一种快速表达想法的方法。学生们越早知道失败越好，所以他们常常制作原型。

测试。测试是迭代过程中为学生提供反馈的阶段。测试的目的是了解哪些有效、哪些无效，然后迭代，这意味着返回到原型并根据反馈修改它。测试确保学生了解哪些对用户有效，哪些对用户无效。

（Steps in a Design Thinking Process，2009）

从更结构化的创造经验（如前面提到的"从木偶到机器人"）到自由式创造可能需要中间体验。设计创新公司 IDEO 的设计思考者和斯坦福 d.school 已经联合起来，将设计思维引入校园。在 K12 实验室的网络维基（https://dschool.stanford.edu/groups/k12）中，你会发现许多设计项目和挑战，其中许多适合于制作。

让孩子们有机会通过如下练习和设计挑战来锻炼他们的设计思维能力，这些练习和设计挑战也可以在 K12 实验室的网络维基中找到：

1）五把椅子练习：为某个用户设计并制作五把椅子。

2）棉花糖挑战：仅用意大利面条、棉花糖、胶带和棉线，建造一座塔。

3）钱包项目：根据队友的独特爱好为他设计一个理想的钱包。

4）仓鼠挑战：设计栖息地，使宠物仓鼠过上更好的生活。

5）拉面项目：设计并快速原型更好的吃拉面体验。

6）汽车维修重新设计：重新设计汽车维修体验。

现在，挑战自己吧！你现在正沉浸在计算思维中。你的学生可以为此列表中的哪一个挑战提供计算解决方案？最后一个怎么样？学生们如何编写代码以获得更好的汽车维修体验？

"自由"创造

让我们把这次体验总结为创客与设计思维，并简称为"自由式"创造。最终，教育的目标是最大限度地发挥人的潜能，对吧？让我们不仅把学生看作是学习者，还看作是发明家，给他们让路吧！想象一下，逐渐放手，从结构化体验转向自由地使用发明工具。

当他们坐下来使用可编程设备或进入具备培养解决问题技能和方法的创客空间时，孩子们将不再考虑你对他们的期望，以及他们对自己的期望。

开放式、由激情驱动的创造，要求灵活地使用发明工具。创造需要时间，考虑一下学校怎样才能允许在午餐时间、课前或放学后，甚至晚上和周末进行计算机编程或制作。一些学校已将他们的创客空间变成了一个用于创造的社区中心，邀请所有年龄段的人来教学、学习，并一起创造。

另一个选择是根据教育领导人安杰拉·梅尔斯（Angela Maiers）的建议举办"天才时间"（genius hours），数千名教师采纳了这一建议。梅尔斯（Maels & Savvod, 2014）问了你可能也会问自己的基本问题：

天才时间： 奉献课堂时间，让学生探索自己感兴趣的事。

如果学生有时间、资源和机会去追求他们最感兴趣的事情，会发生什么？这将如何影响学生的参与程序和学生对学校的看法？

想象一下，学生把学校看成是他们思想飞扬的地方，他们用代码发明的地方，以及他们亲手将自己的构想制作成真实有形的产品的地方，这是多么有意义的事！

我们希望结束时你能注意一点：除非所有孩子都具有编码和创造方面的入门经验，否则有些人会比其他人更有准备抓住这个机会。那些事先准备好的人自然会栖息在这些事情发生的空间里。不要让一部分孩子支配大部分的资源和创造性的学习空间。你最不想让孩子们认为他们中只有一些人才适合编码和创造。努力争取有代表性的学生参与创客空间和课后编码俱乐部。你可能不得不采取其他措施并邀请孩子们参与进来。请记住，创造技术的人应该像使用它的人一样，你的学校环境是表达多元化思想的首要场所，这有益于整个学校。准许每位潜在的程序员和创客有所不同，并庆祝他们的成就。

第4部分

展示你的特色

　　假设，你已经接受了一个角色，通过了彩排，现在是将这部电影带给大众的时候了！但你的脚本可能还没弄好，以下章节将帮助你在计算机科学的舞台上捕捉所扮演角色的要义。大家请往下看！

13 设计连续的 K-12 课程

在以前，美国也不愿意在小学大规模开展计算机科学（CS）课程。当时，大部分计算机科学课程的授课对象是大学生和一些勇敢的高中生。

2011 年，Thinkersmith 开始改变现状，引入课程。在该课程中，5 岁或 6 岁的学生使用艺术、手工艺和游戏探索诸如二进制、函数，甚至是有限状态自动机等概念。这些活动允许把那些以前对孩子来讲过难的主题进行更基本的处理，而现在我们最小的学生也能够接触到这些基础知识。

2013 年年底，Thinkersmith 与新成立的 Code.org 合作开展了一个项目，该项目旨在为 K-8 学生提供媒介，让他们能够在每年 12 月第二周的"CSEd 周"获得第一次编程体验。Code.org 推出的体验活动，现在被称为编码 1 小时（Hour of Code™），配套推出了一系列免费课程，是不插电活动和在线活动组合而成的免费课程，它被很多老师作为长期的课堂体验而采用，他们决定回到初始设计阶段，为不同年龄段的人创造多种选择。到 2014 年秋，Code.org 发布了 CS Fundamentals 的前三个课程，将在线教程与不需要计算机的学习课程相结合，让学生了解编程中最重要的概念。

这是第一个完整的计算机科学课程项目，且无须技术就能在小学开展，但它不是第一个以儿童作为目标群体的编程环境。事实上，麻省理工学院的 Scratch*（https://scratch.mit.edu）自 2007 年 3 月以来一直在推广和发展。目前，Scratch 已经被中学课堂、课后俱乐部以及具有前瞻性的小学课堂广泛使用。

不插电：不需要计算机的计算机科学学习活动。

在 Scratch 之前，新西兰坎特伯雷大学计算机科学教育研究小组的 Tim Bell 和同事于 1998 年出版了他们的第一本计算机科学活动书籍 *CS Unplugged*。这些线下活动旨在作为传统课程的创新性补充，证明计算机科学教育可以是有趣的，同时也是有效的。

到 2015 年的 CSEd 周，市场上编程网站、应用程序和教程的数量激增，其中包括超过 100 小时的体验和近 20 个在小学教育中使用的环境（Cool Coding Apps and Websites for Kids，n.d.）。更令人兴奋的是，人们对计算机科学的热爱已经蔓延，而且公众终于开始明白计算机科学课程对今天学生的重要性。

许多国家都开始进行计算机科学教育。2013 年，英国宣布要在小学开展计算机科学课程。爱沙尼亚、芬兰和意大利紧随其后（Pretz，2014）。在美国，纽约市和阿肯色州已经发布了开展计算机科学教育的官方公告，还有几个州一旦看清楚计算机科学的 K-12 实现路径是什么样子，他们也将开展相关课程。

有些人错误地认为在小学阶段开展计算机科学意味着将幼儿园的孩子放在屏幕前让他们连续调试程序数小时。而其他人则认为他们所在的地区已经教过计算机科学，因为他们有课程专门教授键盘输入、文字处理或图形设计。那么我们将从后者开始，逐个反驳。

事实上，很多人不知道计算机科学与计算机素养的区别［计算机科学画像（*Images of Computer Science*），2015］。假设如果学生知道如何使用计算机，他们就拥有了毕业所需要的技能，但对于 2020 年的课堂来说，知道如何使用计算机就像知道如何阅读，而理解基本的计算机科学（算法、调试和简单的编码技巧）则和理解算术差不多。

函数：可以反复调用的一段代码。

就像每门其他学科都有适合年龄的起步内容一样，年轻学生学习计算机科学也需要有很好的起点。让我们先从语言开始讲，函数和条件这样的语句绝不适合幼儿园。

条件句：只能在一定条件下运行的代码块。

幸运的是，这些语句隐藏着一些可管理化的思想。计算机科学的语言就同历史和其他科学一样，反复出现在上下文中，使得该学科的语言变得更加自然。

许多最基础的计算机科学概念可以通过战略性的模拟活动来教授。想了解循环吗？那就跳个舞吧。想教函数吗？那就用重复的合唱来探索歌曲的结构吧。想要弄清楚如何解释序列或调试吗？先在纸上写下简单的指令集，然后让小组对它们进行组织，再把它们表演出来，以查看是否产生了所需的结果。在将代码转换为现实

循环：重复直到满足条件的一组指令。

生活中的活动时，请牢记：计算机科学是对生活的模拟。

目前，计算机科学教育很棘手，因为我们无法预测学生进入每个年级时已经达到的计算机科学水平。当每个学生都被视为初学者时，无论他或她多么有经验，都可以采用无差别的教学方法，但这明显是不对的。在理想的世界中，学生沿着 K-12 路径接触计算机科学，而教师则为每个年级设定合适的教学目标。

14 贯穿所有年级的重要思想

　　幸运的是，由于计算机科学（CS）在学校中仍然不是必修课，所以没有必须确保每个想法都正确的压力，学生也不必背诵计算机科学术语的定义。相反，可以把重点放在让学生的体验变得有用、有趣和令人鼓舞上。想象一下，你展示给学生的东西，让他们能更好地做好准备，并热切期待即将到来的有意义的经历。

　　不管学生多大年纪或是他们如何接触到计算机科学，拙劣的计算机科学教学比没有计算机科学这门课更糟糕。给你一些建议，以便让你提供的学习体验对学生来说是有用的，以便可以改变他们的生活。

结对编程

　　这个术语我们现在已经提过好几次了，但你可能只浏览了与自己有关的部分，我们将再多谈一点结对编程，它很重要！

　　在结对编程中，两名学生坐在同一台计算机前：一名是驾驶员（移动鼠标并在键盘上输入），而另一名是导航员（阅读问题并密切关注整体情况）。两人一起工作时，学生会倾向于大声地讨论问题，并往往能够提出鼓舞人心的解决方案，否则会止步不前。即使班级开始基于文本的编码，结对编程也能取得很好的效果，因为当有人在旁注视时，学生更有可能遵循惯例（如正确的格式和注释）！

学会学习

　　计算机科学教育更多的是关于学会学习，而不是其他别的东西。不同于数学、阅读或写作，在学生开始上幼儿园以后至高中毕业之间，计算机科学的整体格局将会发生几次变化。学生需要为此做好准备，并尽快地适应常用技术。

　　这门学科不适合死记硬背。要成为真正的计算机科学家，你必须能够思考，将问题分解，找到解决方案，然后想清楚这个解决方案如何能够以其他方式重复使用。因此，只通过课堂讲授和随后的教学实例实践来学习计算机科学是没有意义的，有效的计算机科学教育应包括大量的规划、实验和修改，有些人可能将其称为"基于探究的学习"，我们不予争辩。它也是科学方法和创造性解决问题的一种形式。不管你怎么说，如果一位老师突然闯进来，想让一名学生免遭失败，他就是在剥夺学生一半的学习机会。

有更好的方法来处理计算机科学中的失败，而不是包办、代替或告诉学生怎么做。最有帮助的技巧之一是承认问题的存在并鼓励坚持。让学生知道计算机科学总是在那里，而且是他们的朋友。失败并不是编程的终点，失败是帮你更好地编写代码的线索。虽然失败和挫折总是携手而来，但在计算机科学中，两者都不是有害的东西。失败是新道路的指示器，而挫折则是他们正在努力克服困难的信号 —— 只要学生欢迎它们，而不是害怕它们，两者都会带来惊人的教育机会。

准备资源

在这个多媒体和移动设备无处不在的时代，教师们经常感觉正在进行一场艰苦的战斗。计算机科学使教师们有机会不再压制学生兴趣，并开始将其纳入他们的课堂。

计算机科学很少有死记硬背，学生内化编码的"方式"更为重要。维护一个资源列表，并坚持完成其中的每项任务，可以消除有关计算机科学的一些焦虑。例如，尝试建立一个充满链接的班级网页，学生在做作业时能随时访问。学生在学校的计算机上进行编码时，允许他们使用手机查找解决方案。即使他们找到了想要的确切答案，仍然必须自己将解决方案输入到计算机中，这种方式可以加强他们对"功能体现在哪段代码中及为什么"的理解。

对于年长的学习者，可以考虑建一个班级合作网站，比如 Piazza*（www.piazza.com），在那里学生可以相互交流，以数字方式提问并提供答案。在 K-5 级别中，可以选择将策略提示打印出来，并将提示放在房间前面，学生们将把那张纸看作礼物。

计算机科学教育最重视让学生学会合作。在计算机科学教育中，限制他们的合作是没有意义的。如果这些基本规则让你感到更轻松，请随意制订。比如说：

- 仅允许使用纸笔通信。

● 你不能直接提供答案，但可以问引导性问题。

● 帮助者必须站在受助者的计算机旁。

虽然这些建议应该能有效地帮助学生避免直接作弊，但是学生往往对自己的代码有足够的保护，以至于通常不需要额外的规则。

关于资源方面的最后一个建议：协作有时会让人感到困惑和烦躁，在任何时刻都要考虑用非语言信息来暗示一组结对成员的合作状态。比较常用的技巧有用带有颜色的杯子，或在电脑显示器的一角上贴便笺纸来发出状态信号：

● 无色 —— 能轻松、独立地完成。

● 绿色 —— 感觉很自信并愿意帮助他人。

● 黄色 —— 感觉有挑战，但能在同伴帮助下解决问题。

● 红色 —— 已经咨询过同伴，现在需要老师的帮助。

这样的规则不仅减少了房间里的嘈杂声，而且允许学生寻求帮助，却不会像举手那样让进展受阻。

公平实践

没有人愿意承认他们的教学风格偏向于一个或另一个群体，但在某种程度上，或许真是这样。请不要总是和某一些特定的学生交流，尽可能尝试使用随机数生成器来确定交流的学生。对于一些学生来说，小的、无意的倾向很快就成为问题。

教学计划应考虑到每个人。尽量不要只使用运动隐喻，也不要试图用吹风机和化妆课来迎合女生。记住，有些学生喜欢竞争，而另一些学生更喜欢合作式挑战。通过多元化实现课堂的公平。倾听你的学生，问他们对什么感兴趣，然后做出相应的调整。

15 通往小学之路

请记住，为这个年龄段的孩子制作的大电影往往比为十几岁孩子制作的电影要短很多。年龄小的学生适合于不断重复短材料，而不是史诗般地接触新的体验。

幼儿园和一年级

在这个年龄段，学生们在努力换位思考，把自己放在其他角色的位置上，这限制了使用"角色控制"风格编码环境的能力。而且，许多人（包括奇奇）认为让这么小的孩子每天使用电脑是不合适的。因为，K-1 阶段是语言和概念的构建、逻辑练习、做游戏和序列感生成的黄金时期，应该使用 Real Life Algorithms* 或 Fuzz Family Frenzy* 这样的"不插电"课程，激发这个年龄段孩子的灵感。

> 积木块式编程：拖放布局，其代码像拼图一样装配在一起，这使得熟练的打字和严格专注于语法变得没有必要。

幼儿园和一年级学生的心得：计算机科学是一件物品，而且很有趣。

二、三年级

这个年级的学生已经为一些真正的、积木块式编码体验做好了准备。我们仍然建议限制七到九岁的孩子使用电脑的时间，每周 1 到 2 次，每次约 30 分钟。

随着学生的发展和进步，他们现在应该能预测，运行几行代码会发生什么。这个年龄段的学生也能知道，当简单序列被打乱后，如何把它们整理成正确的顺序。

这个年龄段的学生在面对一些挑战时，可能会难以坚持，不能读懂指南或者注意力不集中。混合使用 Lightbot * 和 The Foos * 这些以编码学习为焦点的游戏，以及 My Robotic Friends * 等"不插电"活动来帮助提升他们的技能。

二、三年级学生的心得：计算机科学是我能学会且能从中得到乐趣的事。

四、五年级

四、五年级是计算机作为基本工具开始进入计算机科学教育的起点。小学四年级开始到五年级结束的时候，会有很多变化。这也是你真正想激励学生的时段，既能帮助他们感受到计算机科学的魅力和力量，又能帮助他们抵御可能发生在中学的 STEM 学习兴趣衰退（Modi et al.，2012）。

这个阶段需要做的第一件事是建立自我效能感。四年级时，应该鼓励学生去探索他们感兴趣的项目，并且不应该期望他们直接进入"记忆和重复"类型的任务。让大脑频繁休息的分步教程（如 CS Fundamentals）可以很好地解决这个问题。

接下来，学生应该逐渐进入一个创造性的环境，在这个环境中他们可以开始编写故事和游戏，并探究自定义选项。Scratch* 很适合这个阶段。

最后，在五年级快结束时，采用积木块式编程的大多数学生将慢慢地转向基于文本的编程。Pencil Code *（Pencilcode.net）这样的工具可以帮学生做到这一点。

一定要留出时间教授这个年龄段的学生网络安全和数字权利，计算机科学的其他元素也可以介绍给这个阶段的学生，还可以考虑让四、五年级学生接触界面设计和用户测试！

四、五年级学生的心得：计算机科学是我可以用来创造物品的技能。

小学的课外学习

在我们对 K-12 路径的所有讨论中，必须注意不要错过非常有前途且有潜力的机会 —— 课余时间！

课余时间为非正式学习提供了很好的机会。课外项目、夏令营和俱乐部的组织者自行设定课程节奏并加入一些学生感兴趣的主题，而不会给孩子们布置作业或增加考试负担。这使得课余时间成为培养学生热爱计算机科学的好时机，而不仅停留在让学生了解计算机科学上。

如果你的学校尚未将计算机科学纳入正规课程，那么课后指导可能是你最好的选择，它不仅为你的学生提供学习机会，而且学生的兴奋感可能是说服其他人相信计算机科学值得在学校里花时间的关键因素。

项目提供者根据儿童的年龄提供相应课外学习的机会：一些小学的课外项目兼作儿童保育，提供者努力让学生参与其中，而不是把这段时间变成学校教育的延续；其他项目专门针对单一主题，并在短短几天内投入数小时。两者都必须解决好每位孩子在模块课程中频繁出现的不确定性问题。

在小学，课后托管班可以包括来自不同年级和水平的学生。六岁的年龄跨度对于任何年龄段来说都是很大的，而当这个跨度超过孩子年龄的一半时，这甚至是一个巨大的鸿沟。小学的计算机科学课程有很多需要管理的地方，但它是教师和学生可拥有的最神奇的体验之一。凭借丰富的想象力和将电脑作为"泥团"，孩子们将创造出比成年人更有创造性的游戏、动画故事和应用程序。

让我们先听听好消息吧。通常，小学生对计算机科学并没有很深入的理解。这使得计算机科学新手指导教师的教学变得不那么可怕，大家可以一起学习！这也是一个很好的机会，让高中和大学的学生们去志愿服务，他们不仅可以分享自己对科技的热爱，而且可以在非常基础的层次上获得解释概念的经验，这真正加深了他们对计算机科学的理解。

与年龄大的学生相比，年龄小的学生更倾向于冒险，更不害怕失败。这意味着我们通常可以要求他们尝试新事物，而不必担心其他学生在做什么。小学生会很积极地按照你的提示创建基本的程序，如：其中一个角色说："您好，世界！"，另一个角色说"您好"作为回应。小学生不仅会这么做，还会庆祝他们的成功，甚至可能拥有成就感，这种成就感能帮他们度过以后的挫折。

与小学课后俱乐部合作的缺点之一是频繁的落泪。也许小孩子心理比较脆弱，也许他们不理解你使用的某个词，也许挨着的同学不理他了，也许他们饿了，或希望妈妈在身边握着他们的手，不管出于什么原因，小孩子常常情绪崩溃，有时莫名其妙，有时是面对失败时，这也是计算机科学学习的常规组成部分。当和这个年龄段的学生一起工作时，老师需要在同情和严厉的爱之间切换，尤其这门课程不是必修时，学生每周都可能自主选择加入或退出。

这个阶段的另一个困难是孩子间表现出的能力差异很大，一些学生甚至不会阅读，而另一些学生看到用户界面立即就明白需要做什么。想让小学生在俱乐部中保持安静是不切实际的，"寓教于乐"是现阶段的中心任务，这意味着学生花大部分时间在娱乐中接受教育。

如果你正在为 K-5 学生规划课后项目，请记住如下建议：

1. 不管是对学生还是老师，选择需要准备最少的课程

一节课要准备数小时虽然是一种很可靠的方式，但会让你感到不知所措——觉得自己没有为即将开课的课程做好准备，所以最好还是找一些能够自学或易于准备和教授的课程。下节中小学计算机科学资源部分给出了符合这些标准的示例，下面是其概要：

我们建议先从不插电课程开始，然后转到教授技能的在线游戏，尝试一些强化概念的教程，最后在开放的游乐场中结束，让学生在游乐场中试试他们学到的东西。

你可以找到几乎不包含任何计算机科学概念的不插电课程。准备工作可能只需要收集一些扑克牌或影印些资料，或观看有关活动的视频。对于在线编码课，则能找些能够逐步引导学生完成任务的应用程序，在适当的时候提供他们所需要的上下文、指令和语句。如果你坚持教授更深入的课程，可以与一位经验丰富的教师合作，他设计优质的学习活动或提供有益的建议。（一旦你将一个活动开展过几次，就会有动力招募更多老师，并在此过程中培养更有能力的教师队伍！）

学生们也不想在开始之前花很多时间准备。本打算马上进入令人振奋的学习体验，而却被要求等待或被动地长时间倾听，对学生来说，没有什么比这更糟糕的了。请让孩子们立即开始或开展"暖场"活动，有时很难让孩子停止做那些有乐趣的事，所以提前让学生知道他们的"暖场"时间有多长，这样他们就可以在心理上准备好进入当天的学习。

2. 不要指望学生能参加每一节课

由于课外项目的管理可能非常不规范，因此很难指望每位学生参加所有课。出于这个原因，请设计不需要先前经验的、每节都可独立的课程。如果一个教学单元或项目需要跨越六节课，那么学生错过其中的某次课，都会发现自己跟不上老师和其他同学的进度。

3. 学生不要在家里做项目

一些教师认为他们在课堂上介绍完某个活动，如果完成活动的时间不够，可以让学生在家里完成剩下的部分。这对许多家庭来说都是不现实的，即使学生家

里有计算机并能上网，他们也可能不被允许在上学日用计算机，或者他们的家庭生活占据太长时间，以至于无法完成这些家长认为是可做可不做的活动。

如果你喜欢给学生布置单堂课无法完成的任务，可以考虑每周安排第二堂课，让学生继续琢磨并完成它。如果做不到这一点，那么在项目日程表中要留出空闲的时间。

4. 学生们周而复始地做同一件事会感到无聊

学生们喜欢看到自己正在进步，而如果他们每周都在重复做很相似的活动，就可能会开始怀疑自己的智商。所以建议每三到四节课改变一下编程环境，让你的俱乐部保持新鲜感。

5. 在计算机上进行教学时，兴趣和注意力的保持时间控制在 30 分钟左右

这一点很难记住，以至于当要关门断电时，一些学生还沉浸其中，一些学生会大声地抱怨。说实话，无论如何，低年级的学生每次都不应该在电脑前超过 30 分钟，在这个时间段内至少应该活动身体 1 次，让大脑休息 1 次。

如果你每天的学习时间超过 1 小时，可以每 20 或 30 分钟休息 1 次，你可以先进行不插电活动，再进入在线选修课，最后用分享或让学生参与写作或艺术项目作为结束，以巩固他们当天所学内容。这种方式让使用计算机的时间感觉很特别，适合于所有类型的学习者。

6. 结对编程是必需的

并不是所有的学习活动都需要两人结伴进行，但计算机课程最好是每个屏幕前至少能有两名学生一起学习。在与同伴一起学习时，学生更有可能在挑战出现时进行思考，而不是在教师帮助之前就停止所有进展。

提醒学生：大声讨论问题有时会帮助他们想出解决方案。

7. 计算机科学课程应该每周几次

这个问题很重要，因为这将影响你的教学安排和教学内容。如果每周 1 次课，那么在 10 周的俱乐部课程中，你可能只有不到 5 小时的有效上机时间。即使学生们掌握了所需要的所有基础知识，也能在 5 个小时内不间断地使用电脑，但他们仍然没有充足的时间创建完整的代表作。在这种情况下，通过每周完成简短而独立的项目来达成目标。

如果你计划每周上 3 次及以上的计算机科学课，那么你可能会发现有更多时

间培养学生的创造力。如果每天使用计算机的时间很有限，将一两个项目分摊到多节课程中更为合理。

8. 所有学生都能阅读吗

如果答案是肯定的，那么你会更容易找到对每个人都有吸引力的课程，但如果答案是否定的，仍然有希望！有几项活动适合预习，它们可以组成一个早期学习课程。仅仅通过 Code.org 的 CS Fundamentals 中第一课就可以让预学者学完整学年的课程。要实现多元化，多开设依赖主动反馈和动画来理解概念的课程。codeSpark 的 Foos 就是很棒的一个，还有 Lightbot（随后你能了解更多的相关内容）。

9. 我们这样做是为了好玩，还是最终想要一个产品

你需要考虑的最后一个问题是你为什么要接受计算机科学。如果你只是想提高学生对计算机科学的信心（顺便说一下，这是做这件事的一个极好的理由），那么就花更多的时间在课程、教程和游戏上。如果你想让学生建立一个能够展示他们知识的档案袋项目，你需要在开始阶段就把基础知识打包学习，这样在结束时就有足够的时间进行创作。

无论你最后选择了哪种方法，请记住，在这个年龄段最重要的事就是乐趣。如果学生因为一次糟糕的经历而从此讨厌计算机科学，那么他们最好从一开始就不要接触它。

小学计算机科学的学习资源

首先介绍可供探索的资源，然后介绍一个名为"创建鳄鱼"的课程教案。

Code.org 的 CS 基础（5~15 岁）

"学生将创建计算机程序，这将帮助他们学会与他人合作，发展解决问题的技能，并坚持完成困难的任务。在课程结束时，学生们可以制作他们自己的游戏或故事，并可分享。"

https://code.org/educate/curriculum/elementary-school#overview

---

codeSpark 开发的 Foos（4~8 岁）

"codeSpark 创建了一种独特的、强大的方法，用于教授建立在前沿研究和数百小时原型测试之上的计算机科学。codeSpark 的学习游戏是没有语言提示的，所以即使预读和 ELL（英语语言学习）的学生也能够在我们强大的课程中玩和学习。

通过玩我们的游戏，你的学生将提高批判性思维技能，并改善其他学科，同时有很多乐趣！

http://www.thefoos.com/wp-content/uploads/2015/11/Full_Curriculum.pdf

Bitsbox 制作的 Bitsbox（6~8 岁）

"利用 Bitsbox，孩子们可以通过创建有趣的、运行在计算机上的应用程序，和运行在 iPad 和 Android 平板电脑的小组件来学习编程。Bitsbox.com 网站为每个孩子提供了一个虚拟的平板电脑和用来输入代码的位置。这种体验开始于大量的指导，首先向学习者展示录入什么，然后通过输入新命令快速地鼓励他们修改和扩展他们的应用程序。"

https://bitsbox.com/teachers

Tynker 开发的 Tynker（6~14 岁）

"Tynker 的在线课程提供了完整的学习系统，包括互动练习、指导性教程、有趣的创造性工具、谜题和更多使编程有趣的材料。"

https://www.tynker.com/school/courses/index

ScratchEd 的 Scratch 创造性计算（8~14 岁）

"开始吧！通过下载指南开始你的创造性计算体验。

该指南可用于多种背景下（教室、俱乐部、博物馆、图书馆等），适用于多种学习者（K-12、大学及其他），不需要计算机编程经验，会有一种冒险的感觉！"

http://scratched.gse.harvard.edu/guide/download.html

Lightbot 的 Lightbot（6 岁及以上）

"学生只玩 Lightbot 游戏的初级部分。他们将学习如何用一系列基本命令告诉计算机做什么，并掌握编写计算机程序的一般过程。"

https://lightbot.com/Lightbot_BasicProgramming.pdf

课程案例：创建鳄鱼！[○]

本教案可从 resources.corwin.com/ ComputationalThinking 下载。

项目：Foos

跨学科联系：设计思维

年龄范围：5~9 岁

时间：45~60 分钟

○　经 codeSpark 授权，允许修改，由 Joe France 撰写。

图 15-1　创建鳄鱼挑战赛的截屏，使用 Foos 进行编码

来源：经 Code Spark 许可修改。由 Joe France 撰写

概述

本课程要求学生运用他们的编程知识来构建一个简单的计时游戏。学生在一个循环中将不同的命令按顺序排列，并体验代码的微小变化如何导致计算机行为的巨大变化以及游戏的乐趣。然后，学生改写这一模式，并应用在新情境中。

词汇

顺序语句：一组指令的依次排序。

循环语句：重复执行一组指令的指令。

参数：更改指令行为的设置。

课程目标	材料和资源
学生将能够：	● 带有 Foos 编程环境的平板电脑

- 为特定行为的指令排序
- 白板或投影仪

- 使用循环指令重复执行行为

- 解释代码变动的结果

- 探索和解释设计选择

先决条件

学生必须能够理解循环、隐藏和等待指令。

准备工作

1）阅读本课。

2）观看 http://bit.ly/FooGator 上的视频，准备让你的班级一起观看。

3）在 Foo Studio 中创建一个新关卡，然后按照视频中的说明操作。

4）在 http://bit.ly/FooGatorWorksheet 下载或打印出学习单，以便与白板或投影仪一起使用。

活动过程

第 1 步，简介。

首先分组讨论序列、循环语句和参数的含义。

其次，向他们展示隐藏和等待指令的图标，询问他们这些指令的作用。

第 2 步，构建。

让你的班级观看视频，然后让他们按照创建鳄鱼的说明进行操作。

1）当学生需要放置构成鳄鱼的积木时，暂停视频，否则视频会加速。

2）在播放视频时，鼓励学生在自己的能力水平上玩游戏。提醒他们，编程是由下列步骤构成的一个过程：

> 编码员想到了他自己想做的事情。

> 编码员试图弄清楚如何让计算机来做自己想做的事。

> 编码员编写他认为可行的代码。

> 编码员测试代码以确认其是否有效。

> 如果代码不起作用，编码员要调查并找出原因。

3）让学生在完成课程后公布他们的级别。

表 15-1 "使用 foos 编码"中引入的一些计算概念

	等待指令将在执行下一条指令之前暂停正在执行的应用程序
	隐藏指令能使可编程的游戏元素（在这个例子中的尖刺）出现或消失
	许多指令都有一组参数。按下某个参数并改变它。对于隐藏指令，"隐藏"和"显示"是两个参数

第 3 步，一起讨论。

引起班里学生的注意并问：

1）活动中最具挑战性的部分是哪里？

2）为什么视频使用两个等待指令？

3）将学习单投影，然后讨论：以下每个序列的功能是什么？答案有：

> 序列 1：尖刺（模拟鳄鱼的牙齿）出现并迅速消失。

> 序列 2：尖刺消失，永远不会再出现。

➢ 序列 3：尖刺迅速消失。

➢ 序列 4：尖刺将消失并重新出现三次然后停止。

➢ 序列 5：尖刺会出现更长时间。

4）设计思维。对于玩家来说，哪一个会更有趣？对于玩家来说，这些序列中的任何一个都会导致游戏不公平吗？（可以有不同答案，但是要让学生解释为什么）

第 4 步，重新混合。

让你的学生达到新的水平，让他们尝试以下挑战中的任一个：

1）不同的动物（对于那些在练习中表现困难的学生）。让学生再做一遍，但是要做一个不同的、有牙齿的动物。

2）编码挑战。编码第二种类型的尖刺，使其与第一种尖刺交替出现和消失。

3）设计思维挑战。使用相同的代码序列，但将其应用于障碍物、心形物、宝石和敌人。让学生思考这会让游戏更有趣还是更令人沮丧。

第 5 步，现实世界总结。

显示、隐藏和等待在计算机科学的许多地方都在使用。每当视频暂停时，编码者必须对视频播放器进行编程，所以视频播放器将等待直到播放按钮按下。即使在打字时，光标就像尖刺一样，在屏幕上不停地闪烁——显示、等待、隐藏、等待，并一直重复这个过程。

让学生挑战找出在程序或游戏中使用等待指令的时间。

16　通往初中之路

在初中，各种条件都会影响计算机科学（CS）何时以及如何进入课程总体计划表（master schedule）。当需要持续一学期到一年的时间时，初中的计算机科学课程则可能是必修或选修的。选修课的上课频率，可能是每周一次，也可能是每周几次，甚至是每天一次。不管怎样，一个优质的计算机科学课程应包括学生为高中准备的全部内容。

一门优质的为期一年的初中计算机科学课程将包括计算机硬件、机器人技术、计算机网络、网络安全以及至少上满一学期的编程。为这个年龄段的学生提供的计算机科学课程需要达到（精准）微妙的平衡。也就是说，这需要考虑得足够周到，以便增强学生的信心并使之为紧张的学习做好准备，但也需要足够的轻松和灵活，以至于它不会令人生畏。

对于初中生来说，整个世界都在不断变化。他们中的许多人正在从有趣自由的小学向初中转变，正在努力养成读高中所需的、负责任的习惯。除此之外，大多数人在六到八年级进入了青春期，这些分泌旺盛的激素将使他们开始更多地关注社会问题，而不是智力发展，这会阻碍他们尝试新科目的愿望——特别是那些看起来复杂或困难的科目。而好的方面在于，初中生能将观点与事实区分开来，并能权衡利弊，这意味着一位好老师能有机会去鼓励他们进行新的体验。

项目是同时包含严谨和奇思妙想的好方法，也鼓励基于探究的学习。在本书出版时，有一些正在开发的初中课程已考虑到这些想法。如果需要了解更多，请查看 JavaScript Road Trip *（javascript-roadtrip.codeschool.com）和 Codecademy *（codecademy.com）这两个适合此年龄段的自学编码教程。

初中的课外学习

课堂并不是学生开始学习计算机科学的唯一途径。在课余时间，初中生可以获得许多非正式的、基于社区的计算机科学学习机会。让我们一起关注下课后俱乐部。

确定初中生的需求和兴趣是困难的，有些学生盼望加入计算机科学俱乐部，因为他们对这个科目感兴趣（已经很长时间了），还有些人只是好奇，想知道计算机科学是关于什么的，或者只想制作应用程序或学习修改网页，还有些学生在第一天时根本不知道计算机科学是什么，他们可能认为只是报名来花些时间玩玩游戏或做平面设计。

根据每周会面的次数以及每次会面的时间，你能预估学生应达到的实践水平。每个学期每个工作日 2 个小时会面的俱乐部，要比每周会面 1 次且仅 1 小时的俱乐部有更好的效果。

虽然初中生在为期 1 年的课程中做好了对计算机科学进行全面学习的准备，但如果每个学期都是独立的，那么课后俱乐部可能会更成功。按学期开展将为你提供更多招新的机会。没有参加第一轮的孩子可以在几周后再来参加。相对于 10 周的硬件或者 10 周的应用程序构建来讲，10 周的机器人技术将更具吸引力。在本节的其余部分中，我们将呈现一个为期 10 周的项目，每周活动时间为 1.5 小时。

如果你想留住不同类型的初中生，那么平缓的入门体验是必不可少的。你应该尝试吸引新成员，而且不让老成员感到无聊或阻止他们进步。简要地介绍所有参与者的不同起点有助于帮助学生们克服困难，以防止前几次会面出现问题。

第一天调查所涉及的每个人的舒适度也是有帮助的。如果你希望在当地初中开设计算机科学课程，那么这项调查还可用作前 / 后测，以展示学生在学习和兴趣方面的变化。

结对编程对于六至八年级的学生特别有用，因为它鼓励合作，并有助于提升那些有自我意识的学生的能力。对于不习惯结对工作的人来说，在分享荣耀和分担责任时可能会有一些犹豫，但不要屈服于他们要求独立的请求。在技术行业，协同工作和创建优质代码的能力同样至关重要……甚至可能更重要。

一开始，即使是中学生也能从"不插电"活动和积木块式语言中受益：这些引导性活动把新概念与熟悉的现实生活理念联系起来，为学生提供概念基础；当遇到现实问题时，可以反过来将现实与这些概念联系起来。这令不熟悉计算的学生发现原以为令人生畏的科目是非常容易学的。在进入具有类似概念的在线教程之前，前三次开展"不插电"活动能为练习提供力量并有助于坚定学生的信念。

到第一个月结束时，学生将能够进入适合于他们的环境。如果你的团队雄心勃勃，但技能不稳定，那么应继续采用积木块式编程语言，比如麻省理工学院的 App Inventor 2 *（ai2.appinventor.mit.edu）。如果学生准备过渡到基于文本的语言，请尝试 Code.org 的 App Lab *(code.org/applab)，它可以让孩子们自如地来回切换。但是，如果你的学生开始编写代码，你可考虑更全面的教程环境，例如 Treehouse *（teamtreehouse.com）。Treehouse 对正式会员收取费用，但在此书出版时，他们的试用期是两个月，这个时间足够学生通过"初学者"阶段。

通过确保每位学生制作可与朋友分享的应用程序来完善你的俱乐部。上面列出的所有环境都允许学生创建可共享的作品。请注意，虽然 App Inventor 作品创作仅适用于 Android 设备，但几乎所有基于 Web 的 JavaScript 应用程序都可以运行在任何可启动浏览器的智能手机上。

初中生的心得：计算机科学对我很有用，我可以成为创造工具和资源的人。

初中计算机科学的学习资源

Bootstrap

"Bootstrap 集成了数学和计算教育，使所有 6~12 年级学生能够公平访问并成功完成这两门课程。我们设计课程、教学法和软件以促进深层次学习并使其易于采用。高质量的专业发展计划和课堂材料反映了我们对人类教师价值的核心信念。"

http://www.bootstrapworld.org

GUTS 项目

"Project GUTS —— 科学成长思维 —— 是一项科学、技术、工程和数学（STEM）计划，它面向新墨西哥州圣达菲市初中生并为全国各地区服务。科学成长思维意味着学习审视世界并提出问题，能够通过科学探索来给出问题的答案并为他们的问题设计解决方案。"

http://www.projectguts.org

引路项目（Project Lead the Way）

"通过编码和机器人、飞行和空间、DNA 和犯罪现场分析等主题，初中生在创造性解决问题时充分发挥好奇心和想象力。PLTW Gateway 是高中及以上进一步学习 STEM 的坚实基础，让学生解决现实世界的难题，如清理漏油和设计可持续住房解决方案等。"

https://www.pltw.org/our-programs/pltw-gateway/gateway-curriculum

Microsoft Research 的计算机科学工具包和游戏课程

"计算机科学初中工具包（CS Middle School Toolkit）包含 3 类课程：科学和游戏、移动应用和社会影响以及谜题和编程。"

http://research.microsoft.com/en-us/collaboration/focus/womenincomputing/tools- to-learn-cs. aspx

Code.org 的 CS Discoveries

"CS Discoveries 的设计初衷是为所有学生提供零基础开始的有趣课程，无须任何背景或经验。通过提供计算机科学相关领域中文化和个人相关的主题吸引学生，希望向所有学生展示计算机科学能为他们服务。"

https://code.org/educate/csd

课程案例：创造自己的运气

本课教案可从 resources.corwin.com/ ComputationalThinking 下载。

原创课程

课程：App Lab by Code.org	
年龄：13~15 岁	
时间：大约 1 小时	

概述

算命是一项经典活动，它将计算机科学的许多元素融合成简单而有影响力的程序中。在本练习中，学生将使用数组（有序列表）存储"是或否"问题的可能答案。

课程目标	材料和资源
学生将能够：	● 钢笔或铅笔
● 让学生在简单的界面中进行编程	● 纸
● 练习调试以保持其程序正常运行	● 1 到 2 个骰子
● 按照步骤在计算机上实现其设计	● 联网的电脑

词汇表

数组：用一个名称捆绑在一起并依次组织起来的元素列表。

元素：一组元素中的单体。

索引：用于表示元素在数组或列表中位置的数字。

列表：数组的别名。

准备工作

以组为单位，让学生到黑板前或视频展示台前，告诉他们你要创建属于自己的个人"算命先生"。首先，由于每个人都喜欢以不同的方式听他们的运气信息，因此我们将共同努力收集一系列可能的答案。

询问回答"是或否"问题的方法。你可以为此列出清单（设计出列表）：

["是！"，"否。"]

（注意：如果你计划遵守"不插电"规则，并计划在计算机实验室中应用，那么方括号、引号和逗号是非常重要的。）

当学生提供其他（适当的）答案时，请将它们添加到你的列表中，但最多只能有 6 个答案。如果你使用两个骰子，则可以添加到 12 个。你的列表可能如下所示：

["是！"，"否。"，"可能。"，"也许！"，"稍后再问。"，"目前还不清楚。"]

现在，在每个可能的答案下方添加一个数字（索引），以便学生可以根据骰子返回的内容随机选择一个数字。在计算机里，索引从 0 开始，所以 0 是"是！"而 5 是"目前还不清楚。"当骰子从 1 到 6 滚动时，你的学生将如何得到"是！"呢？向他们提出问题，看看他们的答案是什么！

现在，要求志愿者提出需要回答"是或否"的问题。你必须要求这些志愿者尽量提出恰当的问题和保持尊重。然后，在整个房间内传递骰子，让学生掷骰子揭示答案。如"我会变得富有吗？"

① 掷骰子 = 3

② 3–2 = 1

③ 索引为 2 的元素是 "可能"。

④ 请全班同学大声回答。

这样做几次，直到每个人都理解如何使用一个随机数通过索引在数组中查找一个元素。

最后，让学生拿一张纸，为他们自己的 "算命先生" 写下（礼貌的）数组。

活动过程

让你的学生来到电脑前并打开 AppLab（studio.code.org/projects/ applab）。如果学生希望有一天还能访问他们制作过的项目，他们应创建自己的账户。但是，账户不是必需的。

学生需要做的第一件事就是确保他们的工作区处于 "设计" 模式（见图 16-1）。

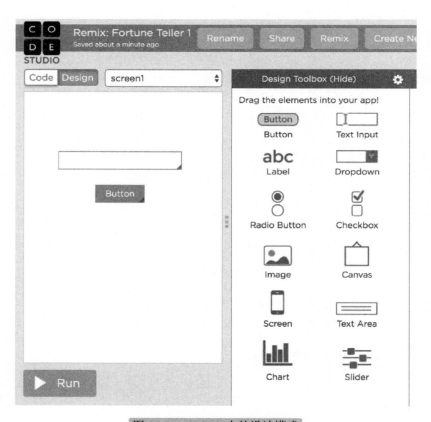

图 16-1　AppLab 中的设计模式

学生需要：

1）将"文本输入"（Text Input）控件拖到屏幕上并命名。

2）将"按钮"（Button）控件拖到屏幕上并命名。

3）根据需要设置屏幕上每个控件的属性。

接下来，该编程了。当按钮处于选中状态时，单击"事件"（Events）选项卡，然后在"单击"（Click）的下面，单击"插入并显示代码"（Insert and Show Code）（见图 16-2）。

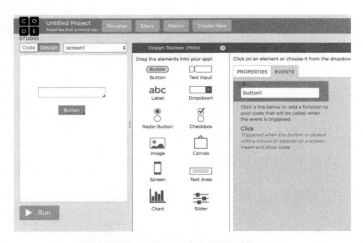

图 16-2　编辑设计元素的属性和事件

现在我们看以积木块形式表示的现有代码（见图 16-3）！

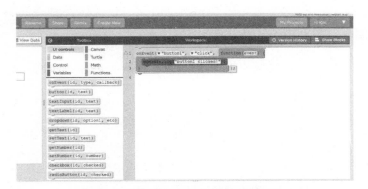

图 16-3　使用块编程的"算命先生"

你可以使用"</> 显示文本"（</>Show Text）按钮轻松在块和文本之间切换（见图 16-4）。

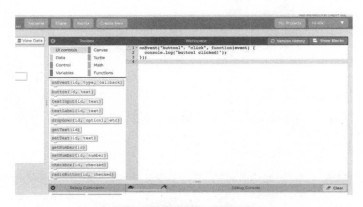

图 16-4　在文本视图下的程序

你可以在任一模式下从工具箱中拖拽代码块，此时代码将自动以你当前正在查看的格式进行呈现。

现在，我们需要添加代码以使我们的按钮用答案填充文本框。让学生具体浏览一下，并想一下如何做到这些，但最终他们需要：

（1）创建一个列表变量，输入他们之前写下的所有答案。

树：具有非线性组织的、自顶向下的数据结构，看起来像一棵倒挂的树，添加和删除信息的位置要从树根开始查找。

（2）将文本框的文本设置为该列表的一项，用 nameOfList[n] 标记，其中 n 是 AppLab 中 randomNumber 函数生成的随机数（以上都需要在已提供的"事件"函数内完成）。

（3）如果学生有多余时间，让他们调整并定制自己的文本框和按钮（甚至添加图片）。

已完成的代码示例如图 16-5 所示，很漂亮，是吧？

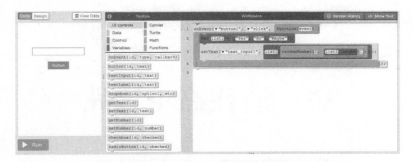

图 16-5　在 AppLab 中完成的算命先生程序

小结

让学生看看彼此的项目：

● 有没有人做过一些与众不同的事情？

● 他们觉得 AppLab 怎么样？

进一步说明：

AppLab 是积木块式编程语言和基于文本的语言（JavaScript）之间的桥梁。在撰写本书时，JavaScript 是最广泛使用的编程语言。可以前往 githut.info 查看它现在的排名！

如果你的学生已经知道如何创建网页，他们可以复制上文中代码并将其直接粘贴到网站，在那里他们可以操作自己的按钮和文本框！

17　通往高中之路

理论上，对于一名有代表性的学生而言，他在一年的高中计算机科学学习后应该已经学会如何将程序粗略地放在一起，特别是如果该学生已经走过了之前提出的路径。当然，这并不意味着普通学生将记住计算机科学的所有细节，不过这没关系。

到了九年级（初三），学生应该知道如何将计算机科学的代码块组合起来构建程序。就编程而言，高中的第一年将进入一个创新的全新世界。通过构思自己的作品，然后调查如何构建，学生可以学到许多关于计算在现实世界中如何工作的知识。

自学是必要的，但在高中阶段的自学还比较少。到目前为止，学生可能已经成长为编码员，但是他们还无法直接成长为程序员，除非他们的技能继续得到完善直到可以区分堆栈和树。如果计算机科学家想要将工作提升到新的水平，那么他们就必须学习并能够利用一些技巧和细致入微的做法。这就是为什么教师的参与对这个年龄段的学生而言是至关重要的。

堆栈：具有线性组织的数据结构，其信息的添加和删除发生在同一端。

在过去十年中，探索计算机科学（Exploring Computer Science，ECS）已成为高中计算机科学入门的首选课程。ECS 的设计注重公平并且以探索式学习为基础，它经过测试和验证，适合于具有多样性背景学生的课堂。它与传统课程的不同之处在于，它假设学生此前没有相关经验，而传统课程是直接进入编程并且经常不考虑那些没有基础的普通孩子。

人机交互：观察人与计算机交互的方式，并设计出让人以新方式与计算机交互的技术。

ECS 能让高中生初步了解计算机科学。它是为期 1 年的课程，符合所有学生的个性兴趣和社交特点。其涵盖的主题包括人机交互、问题解决、网页设计、编程、计算和数据分析以及机器人技术。在此过程中，学生们也开始了解计算机和互联网的工作方式。

大学理事会为那些关注大学先修课程的学生设计了计算机科学原理（Computer Science Principles，CSP）课程，目标是"培养计算机科学领域的领军人物，吸引那些传统上参加比例低的群体。"

尽管 CSP 通常被称为唯一的、有凝聚力的课程，但它实际上更像是一个可以构建课程的框架。Code.org、Project Lead the Way、The Beauty and Joy of Computing、Mobile CSP、Thriving in our Digital World 以及许多其他团体都研发了满足这一目标的课程。与 ECS 课程一样，CSP 课程中有很多节课是高度互动的。（在 AP 课程中，这是多好的一件事！）例如，一个有关互联网的交互式"不插电"活动让学生们互相传递对象，模拟电子数据或数据包在网络上的路由。

考虑要在 9~12 年级全年开设计算机科学选修课，谷歌公司开发的高中计算机科学课和大学选修课程：计算机科学 A 等都是很好的选择。

这些项目是深入且令人惊讶的，但如果教师只是想在自己的课堂讲几天或几周的计算机科学，而且不在课程表中添加新内容，那该怎么办？值得庆幸的是，同样也可以有很多选择！

几乎适合初中的所有课程在高中阶段都同样有影响力。即使是 Scratch，一个新出现不久的、积木块式语言，也能为高中青少年注入想象力。除此之外，还可以在策划好的计算机科学网页中找到许多一次性的、有针对主题的活动，例如 Code.org 上的"教师主导"的活动页面（code.org/educate/curriculum/teacher-led）。

高中的课外学习

同样，学生将会依据目标主题和你的宣传方式选择计算机科学俱乐部。如果你正在尝试吸引不同群体的学生，那么请明确你的起始要求和最终目标。例如，一张海报上写上"编码俱乐部：制作能够免费与朋友分享的应用程序。无须任何经验！"，这要比写着"计算机科学俱乐部：学习如何在 Android 模拟器上使用 JavaScript 而无须进行任何编译！"能吸引更广泛的群体。

到目前为止，一些建议可能看起来很直接，但有些建议并非如此。在俄勒冈大学任教期间，奇奇发现，那些来自参加比例低的群体的学生往往倾向于选择让人感到放松的教师……或者更确切地说，他们倾向于回避那些需要不断向其展示自己智慧和专业知识的教师。经过 RateMyProfessors.com 网站的多年调查表明，很明显计算机科学的初学者倾向于寻找更加平易近人的教师而不是最有成就或最有信心的教师。

这个故事应该成为年轻教师的一个警示：不要过度教学。你可能以优异的成绩毕业，并且能够描述函数、方法和过程之间非常细微的差别，这难道有助于年轻的拉丁裔学生发现她对编码的热爱？如果答案是否定的（很可能不是！），那么尝试多听，少说话，允许学生犯错。毕竟，陷入困境并摆脱困境是编程的一种乐趣。

现在是考虑为高中生提供课外课程的时候了。在这点上，让我们假设你正在与编码俱乐部合作，开展为期 1 个学期、每周 2 天、每天 1.5 小时的课外课程。但这样，你就没有办法选择探索计算机科学、计算机科学原理、CodeHS *等项目的完整课程，因为它们是为全年开发的，且每天都要上课。一位经验丰富的老师总是可以从这些课程中挑选出最喜欢的教学单元，并在更短的时间内修改它们（这是一个很棒的主意！）但是刚刚开始上计算机科学课的老师怎么办呢？

"不插电"课程对青少年和儿童同样有效，但方法要略有不同。当高中生开始编码时，如果你把他们和儿童放在一起，他们可能会反感或感觉高人一等。相反，如果你将他们放入标准 IDE（集成开发环境）中并期望他们立即开始编程，他们会感到不知所措或未准备好。对此，一个很好的解决方案是在他们开始第一次体验时进行一个"带上你自己的设备"的多媒体寻物游戏。（70% 的青少年拥有自己的智能手机，所以当他们结对时，应包括每个人。）在他们探索了一些编程的重要内容之后，则要在下节课中建立一些小程序或小组件（可能加到已经存在的程序框架上），然后退回到不插电课程，来解释遇到的难懂的概念。在 CS Unplugged *（http://csunplugged.org/）中，几乎所有有关计算机科学的活动主题都非常适合这个年龄段。

> **IDE**：集成开发环境，其中所有编码要用到的组件都集成在一个软件包中。

最后，确保学生有时间独自或与合作伙伴共同开发至少一个主控项目。学生拥有他们亲自创建的作品去与家人、朋友和世界进行分享，这有助于他们相信自己有能力使用计算机科学来达到某个最终目标。

> **动态网页**："动态"网页从数据库访问信息，因此要更改内容时，网站管理员只需要更新数据库记录。

已完成项目的一些样例：

- 一个安卓 App。

- 一个动态网页。

- 一个 Python 游戏 *。

● 考虑在最后一周举办一个展示活动，让学生在社区分享他们的杰作。你也可以把它变成一个筹集资金的活动！把这次筹集资金的活动安排在当地的比萨店里，并吸引邻居去看看，学生利用放学后的时间，在短短几周内完成了什么。

高中生的心得：我了解了计算机科学的基础知识，并能从头开始创建程序，然后知道了如何查找资源，帮助我在未来创造更大、更令人印象深刻的东西。

高中计算机科学的学习资源

这些课程是高中教学所需要的，其中许多支持教师专业发展。查找出来，然后试试这一课："作业借口生成器"（Homework Excuse Generator）。

探索计算机科学

"探索计算机科学是一个为期 1 年的课程，由 6 个单元组成，每个单元大约要上 6 周。该课程是围绕计算机科学主题和计算实践的框架开发的。作业和教学体现了社会相关性，这对不同的学生来说都是有意义的。"

http://www.exploringcs.org/curriculum

CodeHS

"CodeHS 是一个帮助学校教授计算机科学的综合项目。我们提供网络化课程、教师工具和资源以及支持教师专业发展。"

https://codehs.com

计算机科学原理

"该课程向学生介绍计算机科学的基本概念，并向他们发起探索计算和技术如何影响世界的挑战。AP 项目设计了 AP 计算机科学原理，其目标是培养计算机科学领域的领军人物，并吸引那些传统上参与比例低的群体，增加使用必要的计算工具和多学科知识的机会。"

https://advancesinap.collegeboard.org/stem/computer-science-principles/curricula- pedagogical-support

---

麻省理工学院的 App Inventor 2

麻省理工学院为其积木块式编程环境提供了一整套课程，App Inventor 2 作为游戏开发、应用程序开发的独立课程，也作为 CSP 配套课程，成为一门在计算机科学领域领先的课程。

http://appinventor.mit.edu/explore/resource-type/curriculum.html

可汗学院的计算机编程

"我们的 JS 入门课程讲授了 JavaScript 语言编程的基础知识，使用 ProcessingJS 库进行绘图和动画。这意味着我们教授语言中的所有基本概念，但我们使用的案例是直观的。例如，当讲嵌套 for 循环时，我们演示了如何在屏幕上创建一个宝石网格。"

https://www.khanacademy.org/coach-res/reference-for-coaches/teaching-computing/a/programming-curriculum-overview

课程案例：掷骰子

本课教案可从 resources.corwin.com/ ComputationalThinking 下载。

经典的原始演绎

语言：JavaScript

关联学科：Math

年龄范围：12~18 岁

时间：30~60 分钟

概述

骰子游戏是经典的家庭内部娱乐项目，将其引入计算机科学同样也是经典的！编程骰子可以通过最少的编码获得巨大的影响，这也是骰子出现在几乎所有编码入门课中的原因之一。下面，我们将给出部分我们最喜欢的内容。

课程目标	材料和资源
● 学习阅读基础的 JavaScript	● 纸张
● 使用随机数模拟骰子	● 钢笔或铅笔
● 找出现有代码中的数学技巧	● 骰子（最多 3 个）
● 使用 Web 自学其他 JavaScript 指令	● 联网的电脑

准备工作

与学生一起玩快速猜谜游戏。

1）让学生预测你将掷出的骰子。

2）掷骰子。

3）询问是否和他们预测一致。

4）你怎么知道它不可能是 0 ？或者是 10 ？

➢ 六面骰子的最小和最大数是已知的。

5）我怎么能掷出数字 10 ？

➢ 掷多个骰子。

告诉学生他们将在计算机上构建自己的骰子游戏。通过运行几行 JavaScript，学生将让计算机模拟掷骰子，然后告诉他们掷出了什么。重点是学生将自学这一切！

指导学生访问"掷骰子"项目页面（https://goo.gl/btu63T），这将为他们调查如何走好编码的第一步提供可能，甚至能指导他们使用 JSFiddle.net—— 一个一体化的、可以让他们立即编写 JavaScript 应用的在线编码平台。

活动过程

让学生自由探索第一个 JSFiddle 程序（https://jsfiddle.NET /ya8srgar），再结合指导性文档，能让他们在无须别人帮忙的情况下玩一天。程序中有一些注释和例子来说明他们应该做什么。

当进入位于 https://jsfi.net/xqxznb2m 的第二个程序时，学生将会发现程序里没有代码，因此这需要他们将已存在的代码复制进去，这非常适合于帮学生扩大活动范围并尝试编写自己的代码。

最后，他们将建立自己的程序，并从指导性文档中选择三个挑战。给予学生选择的自由将使他们对教育拥有更多的自主权，同时他们将会使用搜索引擎自由寻找答案。其实无论是在编码的早期阶段还是后期阶段，将其他人的解决方案作为参考并不可耻，而且这很重要！

为方便起见，本课的结尾提供了 JavaScript 练习示例。

小结

JavaScript 是一种可为任意平台编写应用程序的出色语言。无论是在 Mac、PC 还是智能手机上，几乎任何人都可以使用 JavaScript 网站。

本练习旨在说明编程的探索性。通常情况下，你需要一点小小的引导，但如果你有自己冒险尝试新事物的勇气，可以在没有正式教学的情况下发现很多，这对计算机科学的世界来说非常重要。

和你的班级讨论一下这个想法。这里还有一些其他问题来促进学生思考：

① 当第一次看代码时你感觉如何？

② 在编码时，逐行检查有帮助吗？

③ 你是否尝试去查找其他编码概念来让你的程序实现一些新功能？

④ 你最害怕什么？

⑤ 你能克服那种恐惧吗？

进一步说明：

计算机科学全部都是关于学会学习的。不要害怕你的班级会吃力地前行，一定要坦诚地面对学习新事物带来的挫折，并帮助他们理解在某些时候这对每个人来说都是困难的！

以下是来自文档的代码：

https://jsfiddle.net/ya8srgar

```
// 这是注释。计算机不会运行它，但人类可以阅读它
// 使用注释来描述你要做的事情
// 让我们使用"变量"设置骰子数量的最小值

myMin = 1;
// 现在我们需要设置 6 个面骰子的最大值
myMax = 6;
// 使用随机数编程掷第一个骰子
//（随机数函数已经在 Javascript 库中）
var die1 = Math.floor ( Math.random ( ) * myMax + myMin );
// 现在我们增加指令给出掷出的骰子数
alert ("You rolled the number" + die1 );
```

- 你认为如何运行窗口中给出的程序？
- 你会如何制作自己的版本？
- 尝试逐行检查代码，看看是否可以找出所有功能。
- 你可以更改最小值和最大值来定制自己的骰子吗？
- 你如何保存或更新程序以保留更改？

https://jsfiddle.net/xqxznb2m

```
// 这是注释。计算机不会运行它，但人类可以阅读它
// 使用注释来描述你要做的事情
// 让我们使用"变量"设置骰子数量的最小值
myMin = 1;
// 现在我们设置一个新的最大值，以便掷出 12
myMax = 6;
// 使用随机数编程掷第一个骰子
//（随机数函数已经在 Javascript 库中）
var die1 = Math.floor ( Math.random ( ) * myMax + myMin );
// 让我们加入第二个骰子，并设置相同的最大值和最小值
var die2 = ;
// 你能以相同的参数（最大值和最小值）增加第三个骰子吗？
// 现在显示掷出所有的骰子数
alert ("You rolled the number" + die1 + "and a" + die2 );
```

- 不要忘记做一个副本。
- 你能将 die2 添加到程序中吗?
- 你能为变量 die3 添加所有代码吗?
- 如何让他们出现在警报中?

https://jsfiddle.net/wugzov8y (Sample of what students might create)

```
// 这是注释。计算机不会运行它,但人类可以阅读它
// 使用注释来描述你要做的事情
// 让我们使用"变量"设置骰子数量的最小值
var myMin = 1;
// 现在我们设置一个新的最大值,以便掷出 12
var myMax = 12;
// 使用随机数编程掷第一个骰子
//(随机数函数已经在 Javascript 库中)
var die1 = Math.floor ( Math.random ( ) * myMax + myMin );
// 让我们加入第二个骰子,并设置相同的最大值和最小值
var die2 = Math.floor ( Math.random ( ) * myMax + myMin );
// 让我们使用相同的最大值和最小值加入第三个骰子
var die3 = Math.floor ( Math.random ( ) * myMax + myMin );
// 加入一个总数跟踪所有骰子投掷的总和
var dieSum = die1 + die2 + die3;
// 现在将所有骰子加入到警报中
alert ("You rolled" + die1 + "," + die2 + ", and" + die3 + ". Your
total score is" + dieSum );
// 增加一个 if 语句
if ( dieSum > 25 ){
alert ("You got lucky!");
}
```

- 你能弄清楚如何让每个骰子使用自己的最小值和最大值吗?
- 你如何创建一个新变量来存放三个骰子的总和?
- 你可以在互联网上搜索"javascript if-statement"来弄清楚如何检查骰子的总和是否大于 25,然后弹出警报(如果超过的话)?
- 你能弄清楚如何判断骰子是否小于 6?如果是则重新掷,该如何实现?
- 你怎么知道骰子的总和是奇数?如果是,则弹出警报,该如何实现?
- 你可以添加第四个骰子,能使它总是能和其他某个骰子掷出一样的数来吗?

18　为适应你的班级调整课程

在本文中，我们提供了有趣的基础课程，帮助你和你的学生开始学习计算思维、编程和计算机科学（CS）。很可能你自己也找到了很多课程，有一些能很好地满足你的需求，但可能大部分都不是完整的解决方案。尽量不要让一些小问题毁掉本该有用的课。人们有不同的兴趣，且不同的风格适合不同的情况。就像电影一样，改写通常是有顺序的！找到一个适合于你的情节，并根据你的需要量身修改。

下面是调整课程以适应你的课堂的一些想法。

已有课程只是参考

你最了解你的学生。如果课程是以非常具体、详细的方式编写的，那很可能是因为作者希望它易于阅读和实践，而不是因为它不能换成另一种教学方式。

例如，假设你正在讲授一节"不插电"课程，要求你从一副纸牌中随机挑选一张，但你的教室不能使用纸牌，因为学生喜欢像扔忍者星一样扔它们。这样的话，你可以试试改用骰子。如果担心学生会因骰子而迷上赌博，你可以裁剪一些纸条并标上数字。

同样，如果你发现一个 Scratch 课程要求做出一头投掷燃烧弹的猪，而你的学校对武器采取零容忍政策，那么可以改为一只扔下小树枝的鸟或一条吐泡泡的鱼。修改这样的小细节对课程背后的概念不会产生任何影响。

为低年级学生调整课程

许多计算机科学课程是专为年龄较大的学生设计的，但这并不意味着年龄较小的学生完全无法学习这些内容，只是他们需要一些额外的帮助。如果你打算为年龄较小的学生开设一节本来打算为年龄稍长学生准备的"不插电"课程，你可能需要用两个课时，而不再是一个课时。在将学生分成小组之前，请确保花费大量时间通读示例，以便学生知道自己应该做什么。

课前阅读者经常说课程中使用了超出其能力范围的在线环境。只要确保你的课程计划中有一部分内容教学生如何使用鼠标和键盘，并在开始的时候将任务的活动时长延长至 2~3 倍，这样，学生将会弄明白代码块是用来做什么的（因为大多数学生无法阅读代码块的标签）。

在教幼儿时，不要试图让每一节课都涵盖所有要素。相反，找到一个关键点，并使其成为你课堂活动的焦点。利用生活中的体育活动和故事，尽可能地将思想传递给孩子们。

为高年级学生调整课程

在一些入门级的优秀的计算机科学课程中，许多听起来像是为非常小的孩子创建的。但这不是要阻止你向年龄较大的学生分享这些活动。小孩子的某堂课或许可以成为年龄较大孩子的课前热身活动。你可能还会发现，可以将两个或更多课程捆绑在一起，以便孩子们得到更全面的课堂体验。

如果你发现在线课程对你的学生来说过于幼稚，请尝试将其移植到更合适的环境中。例如，高年级学生不再使用 Scratch 中的独角兽（unicorn）程序了，可以尝试使用 App Inventor 中的独角鲸（narwhal）程序。

调整课程对学生来说也是一项很好的活动。选一些课并交给学生去调整，以达到给其他同学学习的标准，在这个过程中，保持相同的概念但是把课程容量上升至适合他们的年龄。这有助于了解每个小组掌握了哪些知识，哪些知识仍然有欠缺，效果或许会好得令你惊讶。

完成这些课程后，请将你的作品发布到计算机科学社交媒体网站上！

在社交媒体上与其他读者和作者分享！
更多有关信息，请访问配套网站：resources.corwin.com/ComputationalThinking

将计算机科学融入其他课程

并非所有的计算机科学课程都要内容繁多而复杂。通常情况下，如果你有寻找机会的习惯，就可以找到一些你已经用过的、从旅行到计算机实验室都能从中受益的课堂教学内容。

无论你教授的是美术、科学、数学还是音乐，计算机科学都会对你的学生将要从事的各行各业产生影响，难道计算机科学不应该影响他们的教育吗？即使你所做的只是每学期带他们编写几次代码，学生也会开始认同自己属于计算机科学这个更大的世界。

作为一名数学老师，请从典型的测试题开始。用一个问题或方程式，让年龄稍小的学生在 Scratch 或 Tynker 中围绕它编写一个故事。年龄较大的学生可以使用 JavaScript 或 AppLab 来编写一个实用程序从而帮助学习数学函数。学生一旦熟悉整个环境，一系列挑战及其附带的成绩应足以激发他们出色地完成工作。

在教授科学课程时，数据可以成为你的朋友！使用图表或 Vis.js（http://visjs.org）等在线工具帮助学生可视化有趣的信息。尝试使用 NetLogo（http://www.net-logoweb.org）对沸水的热成像图或蚁群进行建模，计算机科学在科学课上的用处不容小觑。其中一些工具看起来很复杂，但几个小时已有案例的学习将引领你走上正轨！

艺术是计算机科学天然的合作伙伴。无论你是使用 JavaScript 代码自动生成图像，还是在 Alice（http://www.alice.org）中展示数字故事，很多方法都可以将编码融入艺术课程。你打算在下周开展哪个项目？尝试将你的一个实际创作与一些网站工作结合。一旦你开始行动，艺术和计算机科学会是一个让你上瘾的组合。

如果你教音乐，可以说你几乎已经教过计算机科学了！乐谱是一种信息量很大的算法，乐器之间的切换与编程语言之间的切换非常类似。EarSketch（http://earsketch.gatech.edu）这样的数字作曲课程为编程和音乐教育增添了令人兴奋的变化，而 Scratch 内置的节奏和音符可以启迪那些年龄最小的学习者。

无论你教什么，当你准备第一个基于编码的课程时，确实需要有大量的时间投入。试着把这看作是一种投资，而不是一种负担。毕竟，一旦你创建了某个课程，你就可以反复地使用它。把过程变得有趣，并且让自己有一点点小混乱。最终，它将尽在掌握中！

如果你发现自己有灵感，但还有些困惑，请回到第 4 章，再次热身和练习。你可能会注意到现在的一切都比第一次更清晰。

19 我们如何才能做得更好

在过去的几年里，K-12阶段的计算机科学（CS）的鼓点越来越响亮，而公众对计算机科学新的关注将可能仅仅是开始，吸引并鼓励你推动计算向前发展。

大学里越来越多的人认识到计算机科学是一种基本素养，而不应仅在计算机科学系教授。学院和大学正在将计算机科学融入生物学、工程学、经济学、金融学和天文学等学科，事实上，任何涉及大数据、统计分析、系统或建模的学科都依赖计算机科学来完成工作并扩展该学科。

以人类基因组项目为例，该项目于2003年由研究型大学联合完成，是世界上最大的生物学协作项目。如果没有利用计算机科学的计算能力，那么确定构成人类DNA的化学碱基对序列并测绘出所有基因是不可能的。此外，人类预测、分析和治愈亨廷顿病、囊性纤维化和某些形式的乳腺癌等疾病的能力已经从生物学、医学和计算机科学的协作中受益匪浅。

越来越多的大学正在训练学生在科学学科中应用计算实践，因此上大学前就熟悉计算机科学的学生将使这一过程更加顺利。

图 19-1 一个有趣的事实：人类大约有 20 500 个基因，数量与小鼠相同
没有计算机科学，我们不会知道这一点

哈维姆德学院（Harvey Mudd）在这一领域处于领先地位，它是一所位于加利福尼亚州克莱尔蒙特的私立学院，专注于数学、物理和生物科学以及工程学。在哈维姆德学院，所有专业的所有学生都会上计算机科学入门课程。但是，该课程与大多数入门课程不同，每个专业都设置了为其所在研究领域量身定制的计算机科学课程，而非千篇一律。在哈维姆德学院，一名工程专业学生将参加具有工程学风味的计算机科学课程，一名生物学专业学生将学习专为生物学专业设计的计算机科学课程，数学专业学生会在数学相关内容中学习计算机科学。学生在他们的专业领域应用计算方法以完成调查任务，而且许多人最终获得了计算机科学的第二学位，这并不令人惊讶。事实上，随着校园里的每位学生都接触到计算机科学，哈维姆德学院的学生正在发生变化。从历史数据上看，计算机科学专业中 10% 是女性，经过五年全校普及性的计算机科学学习，计算机科学专业毕业的女性比例稳定在 40%。相比之下，全国平均水平停滞在 18%（Hill & Corbett，2015）。

全美高等教育机构，包括哈佛大学、华盛顿大学和纽约城市大学在内的四十所校区，都在紧跟哈维姆德学院的脚步，将计算机科学作为许多专业的一般要求。你应该从中学到什么呢？你的学生通过接触计算机科学，不仅为学习计算机科学专业做好了准备，还为在大学里学习与计算机科学相集成的其他专业做好了准备。帮助学生看到跨学科的联系，并说明这些学科的创新是如何与计算机科学联系在一起的 [计算机科学如何促进其他学科发展（How Computer Science Advances Other Disciplines），2015]：

① 兽医开发用于在野外检查并诊断马匹状况的应用程序。

② 地球科学家合作制作全球数字地质图，可用来虚拟观察地球上任何地方的地下岩石。

③ 法医专家设计现场分析技术，将普通的 FBI 特工变成一个可移动的实验室，进行超快速的犯罪现场分析。

④ 神经科医生使用 Apple Watch 中的加速表反馈来检测癫痫患者癫痫发作的警告信号。

⑤ 环境科学家为机器鱼配备传感器以监测水质。

⑥ 经济学家分析来自 Amazon.com 的数据，以预测公众对新产品的反应。

⑦ 心理学家开发软件，让瘫痪的人可以通过意念发出简单的命令来控制轮椅。

⑧ 研究人员使用三维计算机分析，通过将音乐家的姿势和动作与理想状态进行比较，帮助提高他们的表现。

⑨ 一位英国教授与计算机科学家合作，从扫描的文献中提取隐喻，生成可搜索的数据库，这使得人们可以研究历史上人类是如何使用隐喻的。

⑩ 政治科学家通过应用计算科学来检查投票系统受到攻击的数千种方式，然后分析对抗这些攻击的有效方法，从而帮助提高选举的安全性。

作为一项思考练习，要求学生想象将计算机科学与他们关心的事物相结合可以实现什么。以下挑战或许可以给你灵感：

① 保持公园游乐场清洁和良好的维修。

② 将邻居们连接起来或使社区环境更适合步行。

③ 减少食物浪费。

④ 对抗野外火灾。

⑤ 预测疾病的流行。

⑥ 帮助留在家中的老年人。

⑦ 在恶劣天气下更安全地出行。

接受挑战的学生团队以一种计算机能够帮助解决的方式来解决他们关心的问题。

> 注意！威瑞森基金会每年举办一次名为"威瑞森创新应用程序挑战"（Verizon Innovative App Challenge）的比赛 *，6 至 12 年级的学生可以获得其州级、地区级和国家级奖项。接受挑战的学生团队以一种计算机能够帮助解决的方式架构他们关心的问题。一旦作品被选中获奖，威瑞森和 MIT 就会介入并协助构建学生设想的应用程序，使他们的解决方案成为现实。这架起了想法到现实的伟大桥梁；学生应用设计和计算思维技能来构想出很棒的解决方案，而且不会因缺乏技术技能而受到阻碍。

走到街上：点燃社区对计算机科学的热情

为计算机科学建立持续支持的一种方法是将学校建设成为孩子学习编码和思考的地方。走近公众并参与社区活动！邀请居住在附近的父母、祖父母、居民和商人到学校，并亲自向他们展示所有相关的事情。举办家庭编码活动或举办科技展，社区将像你一样兴奋，并希望为你的竭力获胜做出贡献。以下是一些可模仿的例子：

举办家庭编码日。位于旧金山的豪斯纳勇士犹太学校每年 12 月举办一次 K-8 家庭编码日活动。在 2013 年首次举办的活动中（Patterson，2014），在星期日那天，超过 200 人与豪斯纳勇士犹太学校学生一起探索计算活动。利用 iPad 机架、两个计算机实验室和几个"不插电"教室，通过 12 个不同的会议进行了大量的活动。每年都由技术集成专家山姆·帕特森（Sam Patterson）领导的规划团队准备一系列与适合参与者年龄的工作坊，其中一些需要计算机而另一些则不需要。参与活动的家庭通过活动管理平台 Evenium 提前注册，会收到门票和显示会议地点及其周边的地图。该团队邀请家长和当地专业技术人士帮助举办会议，但这项工作越来越多地由学生完成了。

帕特森说，父母和祖父母参加过家庭编码日活动后，对计算机科学有了新的认识，"我无法表达本次活动对我们校园编码讨论的改变有多大，但家长们能够体验教育环境中编程的所有方面"，家长们了解到学生学习的不仅是编程。帕特森指出："他们对学生有这么高的能力和自信程度表示惊讶。"

以下是豪斯纳勇士犹太学校家庭编码日活动给出的一些建议：

① 如果你的学校参加 CSEd 周的"编码 1 小时"活动，请安排一个家庭活动作为最后的庆祝。

② 将计算机科学设置在一般项目中，展示反映日常课程的活动，展示计算如何支持数学、科学和沟通技巧的发展。

③ 让孩子参与每一步。他们可以在活动期间为规划做出贡献，并担任领导角色。如果可行的话，请让学生举办会议。

④ 通过为每两个人分配一台计算设备来扩展资源，鼓励结对编程和"有声"思考。

⑤ 通过提供不插电活动，进一步扩展资源（并证明计算思维不需要设备），

可参考本书中融入的动觉学习活动。

⑥ 安排不超过 40 分钟的短会议。简短的会议可以保持轻松的基调，让客人有更多机会了解一系列计算活动。

⑦ 通过分发带有人们所注册的活动名称、活动时间以及标记每个活动位置地图的门票，以最大限度地减少混乱并保持道路通畅。

举办技术展览会。位于洛杉矶联合学区（Los Angeles Unified School District）的 K-12 学校——佛沙伊学习中心科技学院（The Tech Academy at Foshay Learning Center）每年举办一次技术展览会。在展会上，高年级学生展示他们开展了一个学期的项目，这些项目主要解决他们和社区中的人们所关心的现实问题。示例项目包括：基于 Scratch 的节水游戏；电子纺织品（E-textile）和 Arduino 活动，旨在培养年轻学生对科学、技术、工程和数学（STEM）的兴趣；处理家庭暴力、性健康甚至学校"游戏化"的项目。最后一项涉及开发智能手机的应用程序，学生用它来发现他人的积极行为（例如无意中听到的善意的话或自发的清理垃圾行为），并予以奖励徽章。

在举办技术展的过程中发生了很多事情。在开始工作之前，学生们互相讨论想法，并在陈述会期间从行业专家和社区利益相关者那里获得关键反馈。一旦项目准备好，学生会在展览彩排期间充分排练他们的演讲。

莱斯利·阿龙森（Leslie Aaronson），首席讲师，同时也是洛杉矶联合学区（LAUSD）年度教师，他指出：当自己的作品需要展览时，学生更愿意投入更多精力完成更优质的作品。阿龙森还提到："当学生知道有人会检查他们的工作时，会努力工作以达到更高的标准"（Personal Communication，2015.11.30）。阿龙森还看到，社区在看到孩子们正在做的事情后，给予了学校更多投入。她说："父母们看到了他们的孩子所做的复杂项目，并且感觉到孩子们在技术上未来将超越他们。我认为这会帮助父母开始期待孩子做到最好、超越父辈。"

通常，对那些乐于培养本地人才的公司来说，技术展览会是一片肥沃的土壤。在 2015 年技术博览会之后，Managed Career Solutions（一家职业发展和就业安置公司）与 Sabio（一家技术培训公司）合作，为参加佛沙伊科技展的准毕业生提供免费的网络开发课程。Sabio 联合创始人格雷高里奥·罗贾斯（Gregorio Rojas）说："我们为佛沙伊技术学院的学生感到骄傲，也为学校培养多元化科技人才所做的伟大工作感到自豪。我们希望支持和鼓励这些年轻的科技创新者瞄准现有技术的局限，寻求突破。"（Sabio Gives Back，2015）。

该展会也吸引了一些有意提供暑期实习工作的公司。通过与社区合作，佛沙伊技术学院能够提供真实经验和交流机会，以帮助学生发展技术技能和获取某些难得的社会资本。2015 年获胜团队 Side With Peace 就是在 PeerSpring 暑期实习期间开始他们项目的，PeerSpring 是一家市政和技术平台，通过公民行为帮助学生理解、应用和掌握核心技能，Side With Peace 团队还收到了 Sabio 赞助的笔记本电脑。

教育领导者也对佛沙伊学院的经验做出响应。洛杉矶学校董事会主席和高级学术官员，参加了每一届技术展览会，并对佛沙伊学院的创新方法表示认可。简·马格利斯（Jane Margolis）是备受赞誉的 Exploring Computer Science 这门课程的主要贡献者，看到佛沙伊技术学院学生的行动后，变得更加积极地为教师设计更专业的发展，以便他们可以利用技术教育来获取社会资本，马格利斯还鼓励那些对社区有益的项目。

"社会资本一词强调……种类繁多的……来自与人类社交网络相关的信任、互惠、信息和合作的收益。社会资本为相关人员创造价值，甚至有时候也为旁观者创造价值。"

—— 罗伯特·普南（Robert D.Putnam）和托马斯·桑德（Thomas Sander）（2012）

感言

你无须教太长时间的计算机科学就可以开始看到学生取得的成果，通常这会得到父母、领导和社区的高度赞赏。下面提供了一些教育工作者的感言，他们已经把计算机科学介绍给了他们的学生。

塔尼娅·奇弗（Tanya Cheeves），福赛斯（Forsyth）学区，卡明，GA

我的故事来源于一位一年级西班牙裔学生，他刚刚开始学习英语。他正在重读一年级，每天艰难地学习我们学区提供的几个"支持"课程，如作为第二或其他语言的英语（English as a Second or Other Language，ESOL）、个性化教育项目（Individualized Education Program，IEP）、演讲等。他自卑且与同龄人脱节，事实上，因为他已经退缩了，所以他的同学们都认为他不懂英语，也不怎么说英语。今年，我每周去他的班级一次，介绍计算机科学，他不由自主地对编程产生了浓厚的兴趣，就好像点燃了一盏灯。他的老师表示，这可能是他第一次在学校里体会到成功的感觉。他周一晚上来到学校（ESOL 家长之夜），然后直接去电脑前编代码——向他的父母展示并教他的弟弟妹妹他能做的事，计算机科学给了他目标和希望。老师开始注意到他开始有能力将问题解决技能应用于许多情形，计算机科学为他提供了一个出口——表明语言不是他学习的障碍。现在，当他在走廊里看到我的时候，都会向我露出灿烂的笑容和竖起大拇指，并说"CODE"！我们产生了共同的纽带。

阿兰娜·亚伦（Alana Aaron），Wonder Workshop

今年秋天，朱兰奈（Julainee）找到了新的令她着迷的事情。她的五年级老师阿兰娜·亚伦向她介绍了编码。在完成 Code.org 的计算机科学基础课程 2 之后，她努力编写了很多编码教程，并与 Wonder Workshop 的机器人组合 Dash 和 Dot 结交了朋友。"她花了整晚时间为 Dash 和 Dot 写程序，并且每天早上带它们去学校，渴望让这些程序能够运行"阿兰娜女士说（见图 19-2）。

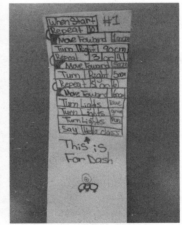

图 19-2　朱兰奈在家中为 Dash 和 Dot 写的 blocky 代码

资料来源：Lin（2015 年）

"朱兰奈最令人惊讶的是，她利用对 Dash 和 Dot 编程的喜爱与同学交往，其中甚至包括那些不愿与其他人交往的学生。例如，她为 Dash 和 Dot 写了一个剧本，使它们成为我们学校编码 1 小时启动视频中的主演，然后与两名自闭症学生合作，用他们的声音对 Dash 和 Dot 进行编程。在制作视频时，她甚至邀请一位刚刚从也门来的不怎么会说英语的学生帮忙。"阿兰娜女士说。

伊丽莎白·麦科伊（Elizabeth McCoy），社区崛起的（Communities Rising）主席

我想你可能有兴趣听听 Thinkersmith 的不插电活动，"我的机器人朋友"如何帮助来自印度南部农村的、一个由工人家庭的孩子组成的团队，赢得了第一乐高联盟（First Lego League，FLL）印度哥印拜陀机器人区域赛的展示组的一等奖。

每年，FLL 比赛都有一个主题，参赛团队必须进行研究，然后向评委展示。今年的主题是教育，要求学生以新的、更好的方式教授他们选择的子主题。

我们的团队选择了计算机编码的主题，并使用"我的机器人朋友"中提供的杯子游戏来教授计算机编码的基础知识，来表明可以向小朋友教授编码，而无须使用计算机和游戏形式。

我们团队中的学生深入理解了编码和算法等基本概念，以及使用简单的指令来构建各种形状的杯子以展示相关概念，这深深打动了评委们。

我们的团队成员花了几个小时教其他团队和他们的教练以及主办机构"不插电编码"的概念和游戏可以用作有效教育工具的理念，而这些概念和理念在印度教育中很少有人知道。

两天的比赛取得了值得纪念的成果，我们团队的成员全部来自生活极度贫困的家庭和全国唯一一所政府资助的学校，却打败了来自私立和国际学校的 20 个团队，赢得了展示组的一等奖。

社区崛起（Communities Rising）是一个美国组织，为维鲁普兰（Villupuram）地区的农村和印度泰米尔纳德邦最贫穷的地区提供优质的教育机会。我们学生的父母都是临时工，五口之家每年生活费仅为约 400 美元。

我们在课外和校内课程中向 1600 多名学生教授英语、数学、计算机、艺术和音乐，是我们所在地区最大的中小学计算机教育提供者。在过去的四年里，我们一直举办夏令营教小学生 Lego WeDo 机器人。我们还参加了最近两年的 FLL 比赛，并希望在资金到位时让乐高机器人成为我们常规中学课程的一部分。

根据这一经验，我们打算将"编码 1 小时"纳入我们的计算机教育计划。虽然我们工作的村庄没有接入互联网，但我们计划尽可能多地开展不插电活动，并下载我们可以下载的任何资料。

格兰德·霍斯福德（Grant Hosford），codeSpark

　　研究计算机科学有很多好处，其中我最喜欢的是一些隐藏在最深层不易被发现的好处。例如，孩子们想要创造他人喜欢的节目或游戏必须具有同理心。一开始，学生会很乐意为自己设计一些东西，但他们很快就会过渡到想要朋友、父母和其他人去享受他们的创作。站在用户的角度考虑问题是设计产品和日常生活中的强大工具。

北洛瓦大学本·谢弗（Ben Schafer）教授

　　我和当地 Coder Dojo 的孩子们一起工作。我们使用"编码 1 小时"材料向孩子们介绍编程的理念，然后使用 Scratch 进行各种活动。孩子们做的第一批活动之一是绘制徽标。

　　一个周末，我走到一个 8 岁新生的面前，他刚刚完成这项任务。我注意到他创建了一个名为"半圆"的代码块，而且在他的代码中有几处都使用了它。6 个月里，我一直在与 Dojo 合作，但即使是我们最优秀的学生，我也从未见过他们在 Scratch 中建立自己的代码块，所以我问这名 8 岁新生在哪里学会了这个代码块。

　　他回答说："我一直在阅读 Code.org 的材料。在那里，我学到了一个函数可用来表示反复使用的代码。我知道在绘制我的首字母时将要画四个半圈，工作量大，所以我在 Scratch 中寻找如何创建自己的函数。"

　　我惊讶得下巴都快掉下来了。这个 8 岁的孩子不仅给函数（function）下了一个教科书般的定义，还深刻地理解了这个定义并且知道应该在何时使用它，以及如何实现它。

　　我们正等着聆听在你的课堂上发生的变革学习的经验故事。如果你需要更多鼓励才能让你的学生参与计算机科学，我们建议让你的学生尝试一下。他们的热情和创造力将向你展示计算机科学值得教授，这比我们提供的任何证据都有说服力。别再等了，现在与学生一起走向计算机科学的舞台，向世界展示你所拥有的！

后　记

机会比比皆是

虽然已经到了本书的结尾，但事实上，你的旅程才刚刚开始！

如果我们完成了我们的工作，你现在正以一种新的视角看待这个世界，在这个世界里，你的学生可以看到各种新的可能性。你进行了思维实验，试用了计算练习，并检查了支持编码体验推理的各个方面。你从计算机科学教育领域的"大咖"那里学到了很多，并了解了孩子们可以用代码做些什么。你已经研究过综合课程，可以立即完成较低目标的学习活动。也许，只是也许，你可以看到计算如何融入你所教的科目中，甚至扩展你所教的科目。总的来说，我们希望你对适合学习计算的人群有一个新的认识（事实上计算适合每一个人学习），动力满满并准备好为所有学生提供学习计算机科学的机会。

教学旅途中，你并不孤单。美国各地的专业发展供应商正在培养数以万计的教师，来教授新的、包容性的入门课程和大学先修课程。这些课程迟早会被引入，你的努力将成为这些课程进入你所在地区的"滑翔道"。当你让孩子接触到计算时，他们将有信心报名参加这些课程或者进入最近的 Coder Dojo 编程培训营或社区创客空间。

对知识的投资将获得最大收益。

—— 本杰明·富兰克林（Benjamin Franklin），政治家和发明家

州长、市长、首席执行官（CEO）、慈善家、创意媒体和技术专业人士正在为孩子们学习编码的学校和社区中心提供支持。播报你学校活动的新闻，以便他们可以找到你并提供支持和帮助。

与志同道合的人联系的机会正在逐渐增加。Code.org 有一个不断更新的目录，记录了美国各地学生可以获得学习计算的机会，查询当地的活动并加入，你的专业学习网络（PLN）尽可能地接近 code.org/learn/local。Edcamps 是教育者驱动的、教育者间传授专业学习及活动经验的组织，也正在涉足编码。Edcamps 在美国的所有州和 23 个国家举办活动，有超过 50 000 名教师参加。Edcamp 基金会可以帮助你入门，通过 www.edcamp.org/attend 加入当地的专业学习网络（PLN）。如果你教高中，请通过标签 #csta 和 #computerscience 与计算机科学教师协会（The Computer Science Teachers Association）联系。

我们希望我们已经让你产生了想要更多资源和课程的想法，你可以将这些资源和课程用于自己对计算和孩子的调查。如果我们要在这里对这些资源和课程进行详尽的阐述，那么本书将会是现在的两倍厚，并且出版的时候就已经过时了。你可以访问我们的配套网站，获取最新的、有价值的计算机科学资源。链接是 resources.corwin.com/ComputationalThinking。

最后，我们想说：计算机科学不是一阵时尚之风，不会一吹而过。它是一套技能，是一种思维方式，是创新的支柱，是改变世界的工具。计算机科学的市场价值激增，很大程度上是因为有像你这样的教育工作者。感谢你成为 21 世纪特色的一部分。我们期待在未来看到你和你的学生开发的项目。

讨论指南

本书提供了学校引入计算机科学的理论根据和实践步骤。作者建议你与其他读者讨论你的想法和经验，以促进专业学习和个人反思。本讨论指南旨在作为对话的起点，可用于与正在开始教学的其他教师联系。每当你遇到真正让你思考的问题时，请在社交媒体上表达你的看法并向每个人分享你的感悟！

你可以在以下社交媒体上讨论，更多相关信息，请访问配套网站：resources.corwin.com/computationalthinking

原书前言

你跳过了前言，是吗？许多读者都跳过前言，直接进入第1章。现在可能是回头去阅读它的好时机。前言很短，所以你可以和其他跳过了前言的同事一起阅读！在前言中，作者总结了计算机科学教育的现状（它正在蓬勃发展）并描述了本书的行文线索。你可以将前言视为背景和内容简介。

1. 这篇前言展示了近几年美国学校计算机科学教育势头从小到大的变化。讨论：你尝试计算机科学（或读这本书）的动力是什么？是什么激发了你的兴趣？你对计算机科学的印象是如何得到证实或改变的？

_____

_____

_____

_____

_____

_____

2. 随着你准备深入研读本书，你对引入计算机科学最大的期盼是什么？你最关心什么？

_____

_____

_____

_____

_____

第 1 章　计算机科学概论

1. 你以有条不紊的方式探索并解答了数独谜题。在此过程中，你是否了解了如何运用计算思维来获得解决方案？

_____

_____

_____

_____

_____

2. 算法就在我们身边。请仔细执行一系列步骤完成的活动或任务并讨论心得。如果你在计算机应用程序中模拟该过程，会写出哪些指令？

_____

_____

_____

_____

_____

3. 你现在对计算机科学是什么以及不是什么，有了更好的理解。假设你正在与家长或学校管理员交谈，你会如何描述学习使用计算机和学习计算机科学之间的区别？

_____

_____

_____

_____

_____

_____

第 2 章　为什么孩子们应该学习计算机科学

1. 在第 2 章中，作者将计算机科学既作为基本素养，又作为学生实践解决问题的一种方式。在你教授的核心课程中，有哪些课让学生进行了逻辑推理？这些课的学习体验，与你在计算机科学中的学习体验有什么相似之处？

_____

_____

_____

_____

_____

_____

2. 作者讲述西蒙·派珀特将计算机与泥巴联系起来，认为两者都是思考的媒介，当你的学生以开放和探索的方式学习时，你作为老师的角色是如何改变的？

_____

_____

_____

_____

_____

_____

_____

3. 第 2 章最后将视野从课堂体验转向社会案例，用以说明为什么更多的年轻人应该接受计算教育并走向职业道路。在这一点上，你有什么共鸣吗？你引入计算机科学，是要将其作为你项目的补充，还是视之为一种责任？

_____

_____

_____

_____

_____

_____

第 3 章　动手尝试编码

1. 哟！因为你已完成第 3 章的练习，所以现在在计算机科学方面比大多数教师更富有经验！你的计算思维也得到了锻炼。每个练习都以需要思考的问题作为结束——提示并帮助你反思练习的过程。请参阅你的笔记并讨论你的经验和感想：你有类似的经历吗？哪些活动会带来更大的挑战，或者为某些人带来更大的回报？

_____

_____

_____

_____

_____

2. 建议将结对编程作为评估和改进推理的元认知策略。你试过这些练习吗？以哪种方式大声思考会影响体验？

_____

_____

_____

_____

_____

第 4 章　开始教学

1. 与任何涉及计算机的学生体验一样，教育工作者在教授计算机科学时需要注意学生的身心健康和社会幸福。讨论第 4 章中的建议，描述最能让你产生共鸣的内容。你现在会采取哪些明确的、以前没有考虑过的行动？

_____

_____

_____

_____

_____

2. 第 4 章提出的另一个实际问题是：为学生提供适当的技术，让他们获得丰富的计算体验。从技术获取的角度考虑你的教学和学习环境：它有什么不足，你可以尝试哪些变通方法？如果调整涉及其他人，你将如何陈述你的具体情况？

_____

_____

_____

_____

_____

3. 作者提出了如何开始计算教学的建议。鉴于你的技术水平和个人准备情况，讨论打算做出的课程选择。

_____

_____

_____

_____

_____

_____

第 5 章　计算机科学教学的行为准则

1. 讨论对你最有用的"行为准则"。你还想到了其他"行为准则"了吗？

_____

_____

_____

_____

_____

2. 这些"行为准则"中的哪些方法适用于你所教授的其他科目？

_____

_____

_____

_____

_____

3. 这些"行为准则"中，有与你的其他课程相冲突的内容吗？

_____

_____

_____

_____

_____

第 6 章　促进计算思维的活动

1. 计算思维是解决问题的一种方法，其步骤包含了发现问题和提出问题。在此之前，你是否考虑过将问题解决作为更大过程中的一个阶段？和你的同行一起，思考一下你在常规课程中解决问题的活动，如果没有提供给学生待解决的问题，而是为他们创造条件，使他们意识到并开始构思一个问题去解决，学生可能会发展出更强的能力。

_____

_____

_____

_____

_____

2. 在计算机编程任务中，计算思维的要素之间有很强的相互作用。也就是说，梳理计算思维有助于你发现过程的重要特征。在第 6 章中，作者建议你按名称进行计算思维实践。这些要素对你有意义吗？你会在计算机科学学习中提到它们吗？在你教的其他科目中有体现吗？

_____

_____

_____

_____

_____

_____

3. 看一看第 6 章末尾的表格中计算思维要素的日常示例。与你的同伴一起，为每个要素再想出几个例子。你们能就哪一个是每一要素的最好例子达成一致意见吗？

_____

_____

_____

_____

_____

第 7 章　分解

1. 作者表示："分解是将问题分解为更小、更易于实现的部分"。第 7 章中的哪些活动最适合你的学生，并且最能帮助理解这种解决问题的一般方法？

_____

_____

_____

_____

_____

2. 想象一下，你正在将"分解"作为一种解决问题的方法解释给学生：你会如何描述这个过程？为了与你所教的特定年龄段学生的兴趣和生活经历产生共鸣，你会举出哪些例子？

_____

_____

_____

_____

_____

_____

第 8 章　模式识别（含模式匹配）

　　1. 回顾第 8 章中"模式匹配"的活动和课程，并讨论"模式匹配"在哪些方面与推断相关，并注意其中显著的线索。模式匹配如何用于检查长除法、历史趋势、音乐创作中的结构或扑克游戏中的行为暗示？

_____

_____

_____

_____

_____

　　2. 模式匹配是如何为抽象铺平道路的？

_____

_____

_____

_____

_____

第 9 章　抽象

　　1. 在日常生活中会经常使用抽象，尽管我们通常不会称之为抽象。你能回想起那些不经意间使用抽象方法的事例吗？

_____

_____

_____

_____

_____

2. 假设你要分别向一个四十岁和四岁的人解释制作饼干的过程，你的抽象程度会有什么不同呢？你认为你会和谁使用更加抽象的解释呢？为什么？

_____

_____

_____

_____

_____

3. 你能将抽象的思想与计算机科学联系起来吗？如果你试图创建 3 个函数：$x+5$、$x+2$ 和 $x+7$（其中 x 是用户输入的数字），抽象将如何帮助你简化工作？

_____

_____

_____

_____

_____

第 10 章　自动化

1. 作者在第 10 章中提到自动化并不总是在机器上运行的。即使你仍然需要手动操作，自动化如何使事情变得更容易？

_____

_____

_____

_____

_____

2. 算法和自动化经常相伴而行。你能想到一个你可能只需要一个而不需要另一个的理由吗?

_____

_____

_____

_____

_____

3. 请参阅讨论指南前面介绍的用于制作饼干的抽象算法。现在,想象一下,你打算把它改造成一个烘焙系统。如果你要分别与成人和儿童分享制作过程,算法会有什么不同? 如果你正在尝试为自动化做准备,那么算法会是什么样子?

_____

_____

_____

_____

_____

第 11 章　促进空间推理的活动

1. 本章对空间推理的介绍始于西蒙·派珀特童年的故事。他说:"齿轮,作为一个模型，把许多抽象的想法带入了我的脑海。"请你在自己的学习中将一个新的或抽象的概念与物理世界中的某些东西联系起来，并对此描述一下，从而帮你更好地理解了该概念的事例。

_____

_____

_____

_____

_____

2. 作者认为空间思想家不是天生的，而是通过足够的经验而训练出来的。对本章中"空间化"你的教学，你有什么建议？为什么这种活动比其他活动更有优势呢？

_____

_____

_____

_____

_____

第 12 章　用代码创造

1. 作者提供了创造性的学生学习的例子。作者还说："创客制作不是关于物质的，它甚至不是关于空间的。创客制作是文化和设计思维，这比什么都重要。"讨论如何将创客精神融入学校项目。

_____

_____

_____

_____

_____

2. 与你的伙伴一起，在 Twitter 搜索主题标签 #makerED。创客教育从业者在谈论什么？他们的兴趣（或关注点）以何种方式与你产生共鸣？

_____

_____

_____

_____

_____

_____

3. 作者讨论了学校创客制作的优点和缺点，以及公平获取的问题。如果在学校会议中讨论创客主题，你会持什么态度，支持还是反对？你要参与创客制作吗？

_____

_____

_____

_____

_____

_____

第 13 章　设计连续的 K-12 课程

1. 在第 13 章中，作者区分了计算机科学和数字素养，一些教师认为平面设计或文字处理属于计算机科学的范畴。如果教师把计算机科学的词汇和概念融入到非计算机科学的课堂中，孩子们可以在这样的课堂（甚至音乐和体育）中学习什么样的计算机科学元素？

_____

_____

_____

_____

_____

2.显然，如果学生可以从"不插电"的课程中学习计算机科学，那么计算机科学不仅限于编程。你认为学习计算机科学的学生在哪些方面比其他没有学习的学生有优势？

_____

_____

_____

_____

_____

第 14 章　贯穿所有年级的重要思想

1.有些学生不愿成为团队的一员。你如何对这些不情愿结对编程的同学解释团队合作的好处，从而使他们理解团队合作对于学习是有帮助的？

_____

_____

_____

_____

_____

2.一些老师觉得，如果他们花时间站在教室后面观察，而不是积极地教学和帮助，他们就没有做好自己的工作。过早地帮助学生会带来哪些隐患？不直接帮助，而是提供指导性的问题和资源，以便让学生可以自行解决问题又会带来什么好处？在你的教学中，每种帮助方式的占比是多少？你希望这个占比是多少？

_____

_____

_____

_____

_____

_____

3. 你需要分享哪些想法才能在计算机科学环境中培养一个更强大的学习者？你怎么做才能促进计算机科学的公平？如果你在学习小组中，请彼此分享你们的观点。或者，请访问我们的脸书页面进行有意义的讨论。

_____

_____

_____

_____

_____

_____

第 15 课　通往小学之路

1. 本章讨论了向小学生教授计算机科学时的独特挑战。根据你的经验，作者没有考虑到那些相关的发展里程碑吗？在尝试向低年级学生教授计算机科学时，你会建议其他人采用什么内容？

_____

_____

_____

_____

_____

2. 有时，K-5 年级的学生比成年人更快地掌握概念。（想想在语言学习或者复杂的远程控制时的学习表现，你会发现这是真的。）你如何在课堂上利用他们的敏捷思维？

_____

_____

_____

_____

_____

3. 当你向低年级学生讲授计算机科学和计算思维时，也会改变他们看待其他学科问题的看法。让孩子学会像计算机科学家一样思考会有哪些好处和风险？

_____

_____

_____

_____

_____

第 16 章　通往初中之路

1. 初中生是一个特殊的群体。虽然他们还不是成年人，但也不再想被当作孩子看待了，这个年龄段的孩子可能很难接受新想法。当向初中生介绍新事物时，你有哪些鼓励孩子接受新事物的方法？你将如何展示计算机科学的价值主张？

_____

_____

_____

_____

_____

2. 初中生之间的计算机科学水平存在着巨大差异。怎么才能以关注每个人的方式来解决个体间差异带来的问题，而不是将学生分为后进生和优秀生？

_____

_____

_____

_____

_____

_____

3. 你可以通过哪些方式来调整教学，以符合初中生"我能从此门课中学到什么"的思维习惯？你能用这种机制鼓励学生积极（在课堂上和在网络上）学习吗？

_____

_____

_____

_____

_____

_____

第 17 章　通往高中之路

1. 高中生开始观察他们周围的世界，他们不仅要研究如何从社区中获得帮助，还要研究如何帮助别人。你认为高中生会对你预先计划好的、以他们的邻居作为最终受益者的活动感兴趣吗？是不是他们对可以自行设计的活动更感兴趣呢？

_____

_____

_____

_____

_____

2. 在这个年龄段，许多学生能够轻松地进入基于文本的编程，但也有一些人会感觉很困难。积木块式编码只是打基础，且有它的局限性。怎样才能充分利用这两种不同的编程方式让所有学生都朝着进步的方向发展，同时没有任何一名学生会感到被其他同学妨碍了学习速度呢？

_____

_____

_____

_____

_____

_____

3. 当教高中时，你会发现，有些学生将自己定位在不进行任何编码。你可以通过哪些方式进行项目构建，从而使得每个人都能够体验编码，同时将编码焦虑降至最低？

_____

_____

_____

_____

_____

_____

第 18 章　为适应你的班级调整课程

1. 在计算机科学这样的新学科中，你可能会因未按教案进行教学而感到不舒服。如果你发现需要对一个非常棒的教案进行一些调整，你打算怎么做？请在我们的在线社区分享你的资源。

_____

_____

_____

_____

_____

_____

2. 有时课程需要针对特定学生群体做一些改动。从书中选择一课（或在网上查找一个），并与你的伙伴一起练习"修改"以满足你的需求。请在我们的在线社区分享你的改编课程，以便我们可以从你的工作中受益！

_____

_____

_____

_____

_____

_____

3. 如果你发现自己有一个完美的地方可以接入一个计算机科学的项目，却找不到达到你特定年级或科目要求的课程时，你会怎么做？你会尝试自己创建课程吗？你会向我们的社区寻求帮助吗？你是否愿意为你的学生分配构思项目的任务，然后要求他们完成该项目？

_____

_____

_____

_____

_____

_____

第 19 章　我们如何才能做得更好

1. 第 19 章中的故事和感言都是为了激发灵感。哪个故事或感言对你影响最大？是什么使它变得有意义，教师、学习者还是社区经验？

_____

_____

_____

_____

_____

2. 如果你要举办活动以促进社区对你所在学校计算机科学项目的支持，你会做什么？你会对社区提出什么要求？（除了资金支持，还可能包括志愿者时间、行业参观或参加招聘会吗？）你将如何展示价值主张，以充分利用时机恰当的、大加宣传的筹款活动？

_____

_____

_____

_____

_____

3. 你有学生的感言吗？你是否从当地社区或你所属的任何在线社区中听到过任何消息？我们很乐意与你分享这些内容！请将所有优秀的学生经验（积极或其他）发布到我们的在线小组。请在社交媒体和全球教育工作者社区分享，让每个人都能更好地进行计算机科学教育！

_____

_____

_____

_____

_____

词 汇 表

IDE：集成开发环境，其中所有编码要用到的组件都集成在一个软件包中。

If 语句：仅在满足一组已定义条件时才运行的代码段。

编程环境：用于创建和编写代码的软件工作区。

变量：表示数字的字母符号，其值可更改。

不插电：不需要计算机的计算机科学学习活动。

参数：传递给抽象函数的额外信息，允许创建更具体的东西。

成长型思维：认为一个人的智力不是天生的或固定的，而是可以通过后天努力发展的。

抽象：忽略某些细节，以便找到适用于一般问题的解决方案。

创客运动：人们聚集在可以发明和制作独特产品的共享工作空间中的潮流。

动态网页："动态"网页从数据库访问信息，因此要更改内容时，网站管理员可能只需要更新数据库记录。

堆栈：具有线性组织的数据结构，其信息的添加和删除发生在同一端。

分解：将问题分解为更小、更易于管理的部分。

函数：可以反复调用的一段代码。

积木块式编程：拖放布局，其代码像拼图一样装配在一起，这使得熟练的打字和严格专注的语法变得没有必要。

计算机科学：研究、使用计算机和计算思维解决问题。

计算思维：在解决问题或准备计算程序时所使用的特殊思维模式和过程，包括分解、模式匹配、抽象和自动化四大要素。

结对编程：一种便捷的软件开发技术，两个程序员在一台计算机上协同工作。"驾驶员"编写代码，而"导航员"在编码时查看并给出建议。两位程序员经常互换角色。

空间推理：生成、保留、检索和转换结构良好的可视图像的能力。

模式匹配：查找项目之间的相似性，以获取额外信息。

人机交互：观察人与计算机交互的方式，并设计出让人以新方式与计算机交互的技术。

软件补丁：一种软件，旨在更新或修复计算机程序。

事件驱动：一种程序模型，允许用户通过鼠标单击、按键和其他操作与程序进行交互并更改程序执行路径。

树：具有非线性组织的、自顶向下的数据结构，看起来像一棵倒挂的树，添加和删除信息的位置从树根开始查找。

数字鸿沟：对计算机和互联网的不同访问，导致不平等现象持续存在。

算法：执行任务时遵循的步骤列表。

所见即所得（WYSIWYG）：发音"wizzywig"，字面意思是"你看到的就是你得到的"。在 Web 开发中很常见，是指在看似最终结果的模式下进行编辑，但是信息实际上被翻译成代码。

天才时间：拿出课堂时间让学生探索自己最感兴趣的事。

条件句：只能在一定条件下运行的代码块。

调试：追踪并纠正错误。

无意识偏见：基于经验、社会规范、影响我们信念和行为的刻板印象的无意识假设。

伪代码：看起来像是计算机程序的指令，但是它们更容易阅读，并且不必遵循任何语言的规则。

循环：重复直到满足条件的一组指令。

自动化：以自动方式控制过程，将人为干预降至最低。

自我效能感：一个人对自己学习、完成任务和达到目标的自信程度。

推荐阅读

STEAM 教育指南：青少年人工智能时代成长攻略

[美] 琼·霍华斯（Joan Horvath）等著　梁志成　译　定价：69 元

解读 STEAM 教育的精髓，分享 AI 时代的成长秘籍。

展现孩子升级成长路径、实践手段。

从 STEAM 实践中培养孩子的终身创造力。

未来是 AI 的时代，也是科技快速变革的时代，而现今的青少年未来面对的会是很多未知的工作与创造性的机遇。如何胜任这样的未来，如何迎接 AI 的挑战，具有终身创造力将会是一个得到广泛认可的答案。但是具体如何培养终身创造力，并将其在实践中体现出来却很难回答。

因此知道创造力重要，而知道如何实践培养创造力并体现出来将会更重要，更具价值。从科学家、发明家、创客、设计师、艺术家等闪现耀眼创意的人群中我们可能得到答案，本书梳理了这些极具创造力的人是如何从小培养并实践自己的创意，虽然很久之前还没有创客、STEAM 这样的名词，但培养并实践创造的过程却一直体现了创客、STEAM 教育的精髓，直至今日本书系统梳理并归纳了这些适合青少年培养并实践创造力的成长路径与各种手段。

本书全景展现了如今创客、STEAM 教育的精髓、成长路径、实践手段，让孩子、家长和更多的教育者了解到，如何通过实践培养并体现出终身创造力，胜任未来的 AI 时代。

推荐阅读

BBC micro:bit 官方学习指南

风靡全球的 BBC micro:bit，已经被众多学校、老师作为入门的计算机编程教学工具来使用。越来越多的科技爱好者、志愿者、合作伙伴、教育者、家长和孩子热衷使用其来学习。

同时 micro:bit 和本书也很适合零基础的家长和孩子一起学习编程，开展更酷的亲子陪伴。

本书由国际畅销科技书作者撰写，并得到 Micro:bit 基金会官方认可。本书包含了让你快速学会使用 BBC micro:bit 模块、电路、编程等的各方面知识，讲解了 Python、JavaScript Blocks、JavaScript 等编程基础，以及如何创作项目。本书适合想要开始学习编程的青少年、家长、教育工作者、创客等学习使用，无须经验，即可轻松开始。

乐高 BOOST 创意搭建指南：95 例绝妙机械组合

全球知名乐高大师五十川芳仁创意十足的全新著作。

玩转乐高 BOOST 的大师级全彩图解式创意指南。只看图片即可学会的乐高创意大全。

精美全彩图解式指南，不用文字，通过多角度高清图片全景展示搭建过程，既降低了阅读难度，又增加了搭建创造的乐趣，适合各年龄段读者阅读，更是亲子玩转乐高的极好帮手。

只用乐高 BOOST 即可搭建 95 个可实现行走、爬行、发射和抓取物体的功能创意结构和机器人。